智联网络系统学会
Institute on Networking Systems of AI

Networking Systems of AI Blue Paper

智联网络系统技术
蓝皮书

宋 梁 主编

复旦大学出版社

编写单位 _____

复旦大学　上海交通大学　同济大学　上海大学

华为技术有限公司　中兴通讯股份有限公司

中国移动通信集团有限公司　中国电信集团有限公司

中国联合网络通信集团有限公司　中国电子科技集团有限公司

国网电力科学研究院有限公司　中国科学院上海高等研究院

上海浦东复旦大学张江科技研究院　上海东滩智联网研究院

智联网络系统学会

编 写 组 _____

（以姓氏拼音为序）

曹　荣　陈恩涛　陈燕芬　陈永波　陈志辉　刁志峰　胡宏林

胡　兴　蒋林华　黄　鑫　娄永琪　倪　伟　梅承力　庞成鑫

钱　烺　宋　梁　商慧亮　屠晓伟　王　昕　徐德平　夏　旭

杨　涛　曾新华　张　军　朱瑾浩　朱肖光

前　言

2021 年 3 月 11 日，第十三届全国人民代表大会第四次会议表决通过关于国民经济和社会发展第十四个五年规划和 2035 年远景目标纲要的决议，指出聚焦新一代信息技术等新兴产业，围绕强化数字转型、智能升级、融合创新支撑，布局建设信息基础设施、融合基础设施、创新基础设施等新型基础设施，推动以物联网、工业互联网、卫星互联网为代表的通信网络基础设施和以人工智能、云计算、区块链等为代表的新技术基础设施建设。作为当前科学领域两大研究热点，新一代移动通信网络和人工智能已成为"新基建"项目的重点发展对象，为新一轮信息革命提供技术支持。通信和人工智能两个看似无关的技术在实际应用中互相融合、促进和影响，形影不离。

新一代通信技术和人工智能技术（Artificial Intelligence，AI）的交叉融合发展，催生了新的基础研究平台和创新生态应用——智联网络系统（Networking Systems of AI，NSAI）。NSAI 将传统集中式的 AI 转变为分布式的大规模智联网络体，实现 AI 网络的自组织实时智能演进，是计算与通信学科融合并面向各个传统学科和产业的重大创新，从而实现"网络即 AI 系统，AI 即网络系统"的智联网络系统新生态。面向未来多元多维信息社会及先进生产力的发展，NSAI 正有效整合碎片化的垂直行业领域发展，实现全球十万亿元级以上的科技转化应用与传统产业更新。而伴随 NSAI 诞生的数字智能健康城市（Smart and Healthy City，SHCity）等应用生态体系将成为人类智能社会及命运共同体的全球科技创新典范。

《智联网络系统技术蓝皮书》一书重点介绍 NSAI 的系统愿景、架构，以及所包含的科学问题与关键技术解析，年度更新分析了 NSAI 在社会现实生活与先进工业生产中的应用范例，阐述了 NSAI 在演进过程中面临的主要挑战及发展前景，并介绍了智联网络产业生态。最终，将形成物理世界、网络空间和人类社会融为一体的智联社会，即人工智能与人类智能的和谐共生体系。

目 录

前言

第一章　行业背景分析　　　　　　　　　　　　　　　　1
　§1.1　AI 技术　　　　　　　　　　　　　　　　　　1
　§1.2　通信技术　　　　　　　　　　　　　　　　　　2
　§1.3　交叉创新　　　　　　　　　　　　　　　　　　4

第二章　NSAI 系统愿景与架构　　　　　　　　　　　　7
　§2.1　NSAI 的五大技术愿景　　　　　　　　　　　　7
　§2.2　NSAI 的分层架构　　　　　　　　　　　　　　10

第三章　科学问题与关键技术　　　　　　　　　　　　12
　§3.1　科学问题　　　　　　　　　　　　　　　　　12
　　一、新型网络与应用的智能协同在线优化理论　　　12
　　二、感存算通一体化的异构智联芯片与器件技术　　13
　　三、通用智联服务与泛在脑联网的融合演进方法　　13
　§3.2　关键技术解析　　　　　　　　　　　　　　　13
　　一、物理网络层技术　　　　　　　　　　　　　　14
　　二、服务定制化层技术　　　　　　　　　　　　　18
　　三、通用智联平台层技术　　　　　　　　　　　　26
　　四、应用系统层技术　　　　　　　　　　　　　　31

第四章　SHCity 智联应用场景　　　　　　　　　　　　36
　§4.1　智联城市空间微场景　　　　　　　　　　　　36
　§4.2　车路云协同自动驾驶与智联交通　　　　　　　37
　§4.3　智联医疗与精准健康管理　　　　　　　　　　38
　§4.4　智联教育与个性化培养　　　　　　　　　　　39
　§4.5　智联产业互联网体系　　　　　　　　　　　　40

§4.6　数字化智联农业系统　　　　　　　　　　41

§4.7　双碳能源互联网服务　　　　　　　　　　42

§4.8　一网统管评估体系：数字化转型之
　　　 SHCity 智能社会　　　　　　　　　　　43

第五章　智联网络系统的产业生态　　　　　　　　45

§5.1　主要产业生态参与者及作用　　　　　　　45

§5.2　政府及行业监管机构　　　　　　　　　　46

§5.3　运营商和设备供应商　　　　　　　　　　46

§5.4　业务服务商 / 特定业务服务商　　　　　　47

§5.5　技术研发机构　　　　　　　　　　　　　47

第六章　挑战与发展方向　　　　　　　　　　　　48

§6.1　技术挑战与机遇　　　　　　　　　　　　48

一、挑战网络信息容量限制　　　　　　　　　48

二、实时网络配置的可控性　　　　　　　　　48

三、柔性多元资源的分配机制　　　　　　　　49

四、无监督在线进化学习技术　　　　　　　　49

五、多时间尺度网络智能配置方法　　　　　　49

六、超级能源效率和人工智能社会　　　　　　50

七、软硬件实现工具　　　　　　　　　　　　50

八、安全与隐私保护　　　　　　　　　　　　50

§6.2　从脑联网到智联社会　　　　　　　　　　51

一、人工智能脑机接口　　　　　　　　　　　51

二、泛在脑联网　　　　　　　　　　　　　　52

结束语　　　　　　　　　　　　　　　　　　　　54

第一章 | 行业背景分析

§1.1 AI 技术

人工智能技术自 20 世纪 50 年代诞生以来，其发展过程可谓一波三折。在走出 90 年代的低谷之后，目前再次处于繁荣上升期，且势头强劲。推动当前 AI 技术繁荣的因素有两个方面：一方面，计算机芯片集成化程度提高，为大规模并行计算和海量存储的应用提供了硬件基础，如图 1–1 所示；另一方面，在大数据时代，数据量呈爆炸式增长，如图 1–2 所示，海量数据也为构建大规模深度学习模型提供了数据支持。AI 的本质是利用机器模拟人的思维和决策过程，AI 赋能不仅可以使机器具备感知、认知、决策、学习、执行与协作能力，还能为人类服务，成为促进人类社会进步的巨大推动力量。目前，AI 在工业、农业、医学、教育、军事、航空航天等领域已经取得巨大成功，且进一步开发的潜力空间巨大。

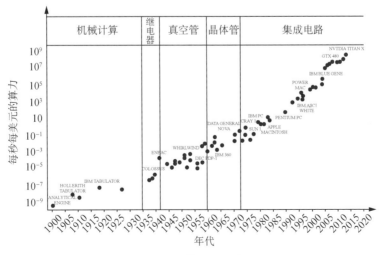

图 1–1　计算能力的发展

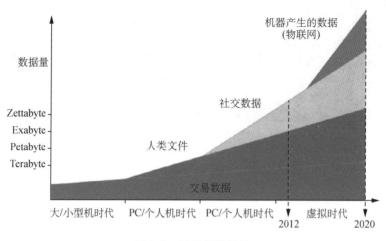

图 1-2 数据量的增长

然而，AI 的发展前景并非畅通无阻，当前 AI 面临的主要挑战是传统的集中式 AI 架构受到局部算力和存储能力掣肘，训练出来的模型泛化能力有待提高。在过去的 10 年里，虽然云计算成功地缓解了日益增长的数据所带来的存储、管理等问题，但是，目前网络带宽的增长速度远远赶不上数据的增长速度。所以，单纯依靠传统云计算这种集中式的计算处理方式，不能满足对响应时间和安全性的高要求，在这种应用背景下，边缘计算应运而生。它与现有的云计算集中式处理模型相结合，能有效解决云中心和网络边缘的大数据处理问题。边缘计算由于可以满足未来万物互联的底层技术需求，从 2016 年开始迅速升温，引起全球的密切关注。当然，边缘计算本身也是一个持续迭代更新的概念，不同新技术的融合，使得边缘计算的内核不断创新。例如，人工智能和神经网络的应用随着机器学习、神经网络训练等网络架构和工具不断适配、兼容到嵌入式系统上，越来越多的 AI 应用可以直接在边缘设备运行。虽然目前国际上尚未建立边缘人工智能的标准架构和统一算法，但各大厂商已经开始在相关领域进行探索。谷歌、亚马逊和微软等传统云服务提供商推出边缘人工智能服务平台，通过在终端设备本地运行预先训练好的模型进行机器学习推断，将智能服务推向边缘。此外，市场上已经出现多种边缘人工智能芯片，如地平线旭日 3、谷歌 edge TPU、英特尔 Nervana NNP、华为 Ascend 910 和 Ascend 310 等。

§1.2 通信技术

从飞鸽传书到卫星电话，通信技术发展贯穿人类文明发展的历程。蜂窝无线通信技术使人们又摆脱了通信线缆的羁绊。蜂窝无线通信技术的发展经历了从仅支持小规模模拟音频通信的第一代移动通信技术（1G），到能应用提供支持的第五代移动通信技术（5G）的发展过程，如图1-3所示。在大数据时代，海量数据的实时传输已成为迫切需求，现有的4G无线通信技术已无法满足需求。近年中国政府高度重视并积极发展5G技术和新型基础设施建设。国家发改委、工信部在《关于组织实施2020年新型基础设施建设工程（宽带网络和5G领域）的通知》中指出，重点支持虚拟企业专网、智能电网等七大领域的5G创新应用提升工程。5G通信与AI的深度融合是无线网络的发展趋势，与当前社会的需求十分契合。目前，5G通信已经基本实现标准化和关键技术研究，并成为新一代信息基础设施的重要组成部分。5G具有"超高速率、超低时延、超大连接"的特点，不仅将进一步提升用户体验，为移动终端带来更快的传输速度，还能充分满足万物互联的需求。据全球移动供应商协会（Global Mobile Suppliers Association，GSA）公布的数据，截至2021年4月中旬，133个国家/地区的435家运营商正在以测试、试验、试点、计划或实际部署的形式投资5G网络，相比半年前的统计数据增加了35个国家和142家运营商。

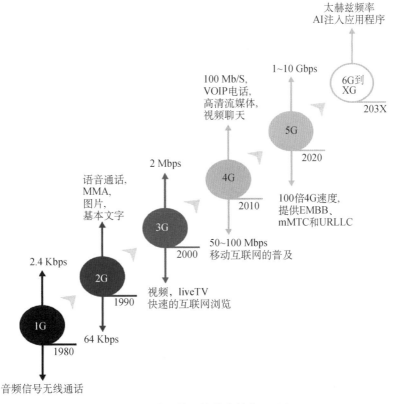

图1-3　无线通信网络技术的发展历程

§1.3 交叉创新

通信行业对 AI 的迫切需求，是由网络发展的现状和未来决定的。经过 2/3/4G 的发展，我们现在所面对的通信网络是一个空前复杂的异构多域网络，5G 到 XG 在带来网络性能和灵活性大幅提升的同时也导致网络更加复杂。在空口方面，使用更高的频段、更灵活的空口资源划分方式，而且引入大规模多进多出技术（Multiple Input and Multiple Output，MIMO）。波束赋形如何有效控制，空口效率如何优化提升，给工程师们提出新的难题。在网络架构方面，由于服务化架构（Service-Based Architecture，SBA）、网络功能虚拟化（Network Functions Virtualization，NSV）/软件定义网络（Software Defined Network，SDN）和切片技术的引入，维护的难度变得更大。虚拟机、切片资源的管理调度以及网络参数的修改调整，都是非常繁琐的工作，风险也很大。因此，通信产业急需智能化转型升级。

对于 AI 来说，通信网络的发展则提供了一块肥沃的土壤。AI 的四大要素（数据、算力、算法、场景），通信全部可以提供完美的支持。

（1）数据。通信网络包括几百万设备、几十亿手机终端，将来还有几百亿物联网终端，每天都在产生大量的数据。

（2）算力。运营商有大量的数据中心（DC）和云计算资源。这些资源可以为 AI 提供强大的算力支撑。除了云计算中心，未来还有大量的边缘计算中心，也能够提供灵活的算力。

（3）算法。通信网络的很多场景都有极强的规律性，也有很多现成的工作模型。这些都可以为 AI 算法模型提供参考依据，同时，新一代通信网络也为分布式人工智能算法的部署提供了动态可配置的网络资源。

（4）场景。通信网络中分布式计算、面向用户的应用和动态系统等均为 AI 提供了场景。

AI 与通信的新范式融合是大势所趋，正在全球范围内引起学术界、工业界高度重视。国内三大运营商和主流设备商都在 AI 方面投入很大，也取得可喜的成果。中国移动的九天人工智能平台、中国电信的诸葛 AI 平台、中国联通的智立方 CUBE-NET2.0+，都是针对 AI 的生态平台。三大运营商希望通过平台赋能，吸引更多开发者使用它们的 AI 引擎，从而形成生态。与此同时，高通、英特尔、爱立信、美国电话电报公司等国际巨头纷纷立足于自身企业特点，从各个角度加速智联网络系统关键技术环节开发。例如，高通骁龙芯片系列增强智能处理功能，英特尔正加大训练如 NNP-T1000 和推理如 NNP-I1000 的处理器开发，爱立信在其人工智能产品组合中加入网络智能，使用机器学习能够在中断影响网络性能前识别并解决等。微软收购 Metaswitch Netwoks 和 Affirmed Networks，增强自身在网络管理方面的能力；收购 CyberX，强化物联网安全领域的实力。苹果收购 Xnor.ai 和 NextVR，进一步在人工智能和 XR 领域扩张。英特尔收购 Mobileye 和 Moovit，加大在自动驾驶和智慧出行领域的筹码。根据研究机构 Tractica/Ovum 的预测，全球通信业对人工智能软件、硬件和服务的投资将达到 367 亿美元，将快速成长为全球最大的 AI 应用行业。其中，行业整体 AI 软件市场将以 48.8% 的年复合增长率从 2018 年的 4.19 亿美元增至 2025 年的 113 亿美元。表 1-1 汇总了相关网络运营商将 AI 与通信融合的案例。

表 1-1 与智联网络系统有关的工业成果案例

通信商	产品名称	产品简介
华为	昇腾 AI 全栈软件平台	基于华为昇腾系列 AI 处理器和业界主流异构计算部件，通过模块、板卡、小站、一体机等丰富的产品形态，打造面向"端、边、云"的全场景 AI 基础设施方案。
中兴	uSmartInsight 2.0 平台	融合大数据和 AI 的 2.0 平台，配备中兴开发的分布式训练引擎，支持更高的并行训练加速比。满足模型训练和模型推理的主要场景，并且能够实现简单高效的可视化建模，以便于开发和部署端到端的 AI 应用程序。
中国移动	九天人工智能平台	提供从基础设施到核心能力的开放 AI 服务。在基础设施层，提供涵盖国产 AI 芯片在内的高性能算力，纳管 300 余台 GPU 高速服务器、2 400 余块 GPU 卡，预置超 150 个（50 TB）数据集、30 余种主流算法框架、50 余个预训练模型等，为 AI 模型研发与部署提供一站式服务。在核心能力层，提供视觉、语音、自然语言处理、结构化数据分析、网络智能化等超百种 AI 能力服务，可满足各领域 AI 应用创新需求。面向教育、医疗、工业制造等行业提供一站式解决方案，服务 AI 科研、AI 实训实践、AI 应用研发等场景，赋能产业 AI 创新。
中国电信	诸葛 AI 平台	诸葛 AI 平台脱胎于天翼云自主研发的大数据 PaaS 平台，目前的集群规模大概已经接近 2 万台服务器，可用性达到 99.99%。天翼云的诸葛 AI 平台目前汇聚 200 多个资源算法、130 多个基础算子、300 多个专题模型以及 350 个行业模型。
中国联通	5G 创新工厂 5G 无人驾驶"云巴"	中国联通联合比亚迪以 5G 技术全程赋能老旧工厂数字化升级，结合自主研发的 AI 平台能力，落地 13 种"5G+ 工业互联网"融合创新应用。为解决城市交通难题，中国联通还为比亚迪量身打造 5G 无人驾驶"云巴"，推动其进入试商用运营。

（续表）

通信商	产品名称	产品简介
美国电话电报公司	边缘计算网络	边缘计算网络将提供边缘计算解决方案，结合谷歌云计算，使企业可以将基础设施从集中位置移动到边缘设备，并在更靠近终端用户的地方运行应用程序，从而最大限度地减少延迟、优化运营，提供更强的安全性。
高通	高通机器人 RB5 平台	高通机器人 RB5 平台搭载的第五代高通 AI 引擎，可实现每秒 15 万亿次运算（15 TOPS）的 AI 性能，能够运行复杂的人工智能和深度学习任务。此外，Hexagon 张量加速器（HTA）在边缘端进行推理运算，也能提供出色的机器学习能力，让机器人解决方案更快地适应不同场景与用户习惯，从而提供更专业的服务。
英特尔	英特尔神经网络处理器（NNP）	可用于训练（NNP-T1000）和推理（NNP-I1000）的处理器，是英特尔第一款专门为云和数据中心客户提供复杂深度学习的专用集成电路处理器。

第二章 | NSAI 系统愿景与架构

　　"智联网络系统"是 AI 技术与通信网络深度融合的产物，也代表着基于智联服务的新方向。在未来智能化工厂、智能健康城市等复杂场景中，"端＋通信网络＋边缘云＋云服务"的协作模式将会引起新一轮的产业转型和产业升级。这些技术的运用不仅为用户提供更高的隐私保护，而且使服务变得智能、高效、便利。同时部署在边缘云和终端设备上的 AI，也能更好地与人类和现实世界进行实时交互。在 AI 算法方面，NSAI 使用离线和在线相结合的双学习机制，将会更好地提升下一代 AI 的适应性，通过在线进化学习能够在迈向通用的强 AI 道路上迈下坚实的一步。以此为背景，NSAI 的发展不仅为产业发展和科研探索提供方向，也为 AI 和通信网络的融合发展描绘蓝图。在 5G 到 B5G 通信与 AI 技术快速融合发展的产业需求下，学科交叉的研究与高端人才的培训正在加速。例如，近年来加州大学伯克利分校工程创业与技术中心开设了 AI 与 5G 创新的高阶课程，着力培养通信网络与人工智能交叉人才。同时，相关研究及产业化的推进也受到国内外各大高校及研究机构的关注。例如，清华大学智能产业研究院联合中国电信集团公司、中国移动通信集团公司、美国电话电报公司、美国威瑞森电信公司等联合发布《通信人工智能的下一个10 年》，提出在下一个 10 年中全面加速推进人工智能在通信生态领域的发展的期望，加拿大多伦多大学、加拿大通讯研究中心、美国麻省理工学院及加州大学伯克利分校等都成立了相应的研究机构，将 NSAI 作为超热点研究。

§2.1　NSAI 的五大技术愿景

　　基于当前人工智能与通信网络的发展现状，《智联网络系统技术蓝皮书》从网络、服务、空口、器件、生态系统等方面提出 NSAI 发展的五大技术愿景，如

图 2-1 所示。电子器件的发展提供了硬件平台，新空口的出现构建了新的通信基础设施，基于新的起点，提供服务定制网络为未来发展提供了通用的泛在框架，而服务则是新趋势下产生的新产品，服务交互融合、共兴共荣，形成了未来社会新的系统生态。

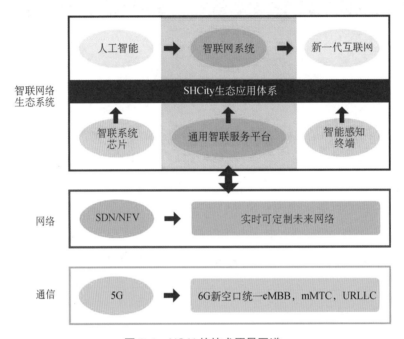

图 2-1　NSAI 的技术愿景图谱

（1）**提供服务定制网络**。提供服务定制网络（Service Customized Network，SCN）以适应不同需求为目标，为 AI 嵌入式网络提供一个动态可重构的虚拟网络新框架。该框架能支持多个时间尺度对网络资源进行实时创建、配置、重配和切片。基于智能业务识别和端到端网络参数度量，基于业务需求模型，该框架能为业务需求提供精准的定制化网络服务，能支持多个时间尺度对网络资源进行实时创建、配置、重配和切片。例如，在智能交通服务中，高峰时段的车辆和终端连接数量可能远远高于其余时段，这就需要动态地对不同规模的网络资源和服务质量做配置与重构，以适应其服务需求的动态弹性变化，并提供网络可重构的实时性指标。可以预见，未来的网络运营商需要为每一项智联服务，如自动驾驶、智联工厂、社区等，提供个性化定制的 SCN。

（2）**形成通用智联服务**。形成通用智联服务（Generalized Smart Service，GSS）为 NSAI 提供一组通用应用程序接口（Application Programming Interface，API），同时将大规模服务定制网络中通信与计算的复杂性进行基于服务场景的封装。通过 GSS，整个虚拟网络将成为一个拥有在线进化学习能力的计算 – 通信实体，包括如智能终端、边缘设备和云计算服务器等连接对象。通过物联网与互联网的深度融合，GSS 提供一个泛在智联服务中间层，实现网络与应用的协同优化，即整体系统的在线进化学习和实时控制。一方面，基于服务场景实时处理海量异构数据，并将分布式感知与控制能力通过 API 提供给上端应用程序；另一方面，通过对网络大数据的实时分析与态势预测，对网络做智能化配置与安全控制。

（3）构建 B5G 到 XG 统一新空口。构建 B5G 到 XG 统一新空口（Unified Air Interface, UAI），5G 已将大流量移动宽带业务（Enhanced Mobile Broadband, eMBB）、大规模物联网业务（Massive Machine Type Communication, mMTC）和低时延高可靠连接业务（Ultra Reliable & LowLatency Communication, URLLC）定义为其三大应用场景，但目前 5G 网络还不能同时满足高吞吐量、大连接和低延迟等混合要求。在 2018—2019 年的 3GPP 大会上，基于 5G 三大场景的混合切片需求被 OMESH 等国内外公司联合提出，主要面向复杂场景的异构终端互联需求，得到主流运营商和厂商的支持。2020 年，华为技术等公司提出 5.5G 的概念，将原本三大场景按照混合切片的路线先扩大到六大场景，即新增上行超宽带、通信感知融合、宽带实时交互三大混合场景。随着未来 NSAI 应用的泛在普及，特别是在智能和健康城市或者一般智能基础设施场景中，每个智能设备都可以在服务区内实现互连与数据交换。从 B5G 到 XG，通过动态重新配置的新空口有望形成覆盖接入网与核心网的智能混合全景切片。

（4）集成多功能微纳电子器件。集成多功能微纳电子器件（Micro and Nano Electronic Device, MNED），随着集成电路工艺制程正逼近物理极限，摩尔定律已明显出现发展趋缓现象。同时，通信技术与人工智能技术的交叉融合、所搭载的电子产品多元化正有力地推动微机电系统、系统级封装、三维集成电路、异质集成等新技术的快速兴起。传统的冯诺伊曼架构由于计算与存储的分离设计，造成对执行大规模 AI（如深度神经网络等）运算处理的低效率及高功耗，促成存算一体的新芯片设计正在成为研究热点。然而，与人脑神经网络的规模相比，仅依靠目前的 AI 芯片在处理规模上仍相差数百万倍，在能效上也相差数十万倍以上。因此，采用传统集成电路技术路线的技术产品已难满足未来通信与人工智能深度融合所需的硬件核心元器件技术性能支撑要求，而基于新型的 MNED 技术开发的智联芯片应用潜在发展空间巨大。在未来 5～10 年，MNED 可采用充分利用 3D 异构的 Chiplet 芯片架构，深度集成计算、存储、传感和通信的一体化设计，采用新型安全可控的扩展指令集，有效地提高基于智联芯片的智能终端应用规模与能效使用的数量级。

（5）形成 NSAI 生态系统。随着 AI 与通信网络交叉融合，数以亿计的智能设备互联并组网，形成覆盖城市和人类社会的网络智能体，正如过去 30 年的移动电话、互联网、移动联网等信息产业革命一样，将再一次彻底改变人们的生活方式。可以预计，NSAI 将进入人类社会的各个方面，并通过在线进化的学习为用户提供更好的实时定制化体验，如城市微空间、未来交通、精准医疗、智联教育、柔性制造、新型农业、产业互联网和能源互联网等。正如在过去 10 年中，3G、4G 通信曾创造了移动互联网，拉近了网络世界与现实世界。随着 5G 的全面商用及 B5G 到 XG 研究的展开，在未来 10 年中，NSAI 将使得网络空间、现实世界和人类社会无缝结合并融为一体，从而催生新一代互联网的演进。

§2.2　NSAI 的分层架构

如图 2-2 所示，NSAI 系统架构可以分为 4 个层次，即物理网络层、服务定制化层、通用智联平台层和应用系统层。物理网络层为上层提供基础设施；服务定制化层为定制服务创建和配置网络资源；通用智联平台层作为分布式 AI 的中间层，向下根据网络实时态势动态配置服务定制化层，向上提供认证、授权和记账等服务；应用系统层作为顶端设计，通过接口向现实世界提供服务。我们将按照 4 层架构自底向上的顺序分别进行阐述。

图 2-2　NSAI 的系统分层架构

（1）物理网络层。物理网络层（Physical Network，PN）主要由有线与无线的混合基础设施网络组成，包括如接入网、交换机、核心网、云服务器、边缘服务器和移动终端等物理可兼容不同运营商的基础设施，支持 TCP/IP 通信协议。物理网络层是服务定制化层的基础。

（2）服务定制化层。SCN 层为定制服务创建和配置虚拟网络，具有业务识别及业务建模、网络端到端度量、拓扑管理、资源分配、数据传输和转发、路由与负载均衡、安全和网络切片等功能。服务定制化层可在虚拟链路（L2 网络）上构建，提供向上兼容的功能。

（3）通用智联平台层。GSS 层由分布式 AI 计算系统构成，在数据层面对网络中的感知数据，针对分类场景做分布式智能处理，实现网络化智能计算。同时，在控制层面上根据网络实时态势动态配置服务定制化层。作为中间平台，GSS 层可同时为订阅智能服务的用户提供认证、授权和记账（Authentication，Authorization and Accounting，AAA）服务。

（4）应用系统层。应用系统（Application，APP）层通过基于 GSS 层提供的智联服务北向应用程序接口，将物理世界、网络空间与人类社会融合，为消费者、企业、政府部门提供全景创新应用及颠覆式用户体验。

第三章 | 科学问题与关键技术

§3.1 科学问题

　　智联网络系统将网络通信与服务应用的大数据做跨层处理，并对整个系统做在线协同进化学习和实时控制，将人工智能和通信网络进行深度融合，由各种智能体系形成巨大网络和智能共生体。智联网络系统以知识自动化系统为核心系统，以知识计算为核心技术，建立包含人、机、物在内的智能实体之间语义层次的联结，实现各智能体所拥有的知识之间的互联互通。通过去中心化的类生物网络连接，构成具有类生物特性的智能共生体。智联网络系统是建立在数据信息互联和感知控制互联基础上的，其目标是达成分级智能体之间的"协同知识自动化"和"协同感控智能化"，即以某种协同的方式进行从原始经验数据的主动采集、知识获取、知识交换、知识关联到知识功能，如推理、策略、决策、规划、管控等的全自动化过程，面向典型应用场景提供网络与计算一体的通用智联服务。因此，智联网络系统的实质是一种全新的、直接面向智能化的复杂协同知识自动化系统。当前，智联网络系统主要包括系统优化、硬件实现和脑联网演进等关键科学问题。

一、新型网络与应用的智能协同在线优化理论

　　新型网络与应用的智能协同在线优化理论是面向人工智能应用与多模态通信网络深度融合的关键问题。新型网络与应用的智能协同在线优化理论，是网络与应用跨层大数据融合处理与控制的理论与方法，是构建开源智联服务的中间层。向上形成对大规模智联应用系统的数据语义，以及云边端协同自进化智能计算与控制的标准支撑；向下根据应用业务服务质量（Quality of Service，QoS）的动态

变化，对系统服务切片中基础计算、通信、存储资源一体化动态智能配置；同时，支撑智联网络系统中海量信息的高可信及可溯源。

二、感存算通一体化的异构智联芯片与器件技术

作为融合平台的硬件支撑，感存算通一体化的异构智联芯片与器件技术是新一代智能硬件基础设施应用部署的关键核心问题。面向当前智能硬件终端综合能效低、远程升级难、功能固化等技术弊端，智联芯片与器件技术解决当下智能硬件无法支撑持续性、动态化的智联网络协同演进的底层硬件设施关键问题，通过高效异构智联系统芯片与器件关键技术研究及研发，提供智联网络系统通用智能终端硬件的内核技术支撑，使得未来海量信息的可定制化终端侧硬件智能处理成为可能，并能为用户提供实时、高效、低功耗的便捷沉浸式交互体验。

三、通用智联服务与泛在脑联网的融合演进方法

在更广阔的视角下，未来通用智联服务与泛在脑联网的融合演进是人工智能与人类智能的共融趋势。基于智联网络的关键共性技术与通用服务平台，结合数字化智能健康城市典型应用场景，构建基于新一代通信网络的智联创新生态系统；通过典型应用问题的研究，形成可复制的典型 QoS 智能服务体系；结合 AI 脑机接口的感知信号重建与分析，形成人脑和互联网的闭环通信机制，促进群脑互联的人工智能与人类智能泛在融合系统的发展。

综上所述，单一的 AI 技术的高速发展和网络技术的更新迭代，使得万物智联成为可能，万物智联下的系统性演进与优化，对人类社会和科技的进步与发展提供了重要方向。智联网络系统是未来智联社会趋势下的发展方向，已经受到学界与产业界的广泛关注。在这一框架下，目前协同理论的突破为这一深刻变化提供了理论指导和支持。同时，感存算通智联芯片的研究为这一广阔平台提供了坚实的硬件保障，而脑联网则为智联通用服务框架提供了更具前景的演进方向。

§3.2　关键技术解析

依照智联网络系统 NSAI 的建议分层架构，针对物理网络层、服务定制化层、通用智联平台层及应用系统层，对各层技术的分类及发展做出解析。

一、物理网络层技术

NSAI 的物理网络层融合了新一代无线通信网络与 AI 的技术，以下将介绍 4 个起着支撑性作用的物理网络层技术：物理通信接口技术、新型传输技术、微纳电子技术、拟态构造计算与拟态晶圆技术。

（一）物理通信接口技术

物理接口是系统中不同设备与部件之间的硬件接口。长期以来，随着科学技术的迅速发展和社会的进步，逐渐提出不仅要使现有的计算机方便进网，而且要使当前存在的各种网络都能彼此互联，从而构成更大的计算机网络的要求。NSAI 与 5G 到 6G 通信物理层核心技术相结合，通过基础设施对计算、通信与存储资源进行优化部署，为各种应用场景提供可靠的技术平台，其主要物理通信接口（无线／有线）技术如图 3–1 所示。NSAI 对物理通信接口技术的提升，从科学问题角度来看，是提升异构设备的对接有效性；从关键技术角度来看，则是通过 AI 算法来缓和设备间在各种性能尺度上的差异，从而使得 QoE 能够在整个网络中性能稳定且对设备透明。

图 3–1　NSAI 系统分层架构的物理通信接口技术

在无线接入方面，针对目前多路访问技术中频段资源有限的问题，NSAI 通过动态优化的方式对通信中频谱、时间和空间等资源进行优化分配，用更有效的方式充分利用频段资源来提升 QoE。例如，对于移动通信系统（4G 到 5G）中的关键技术——正交频分复用（Orthogonal Frequency Division Multiplexing，OFDM）技术，矩形滤波器的使用带来很高的带外泄漏，循环前缀的引入导致频谱效率的降低，而且 OFDM 系统接收端解调要求子载波保持正交性；NSAI 在 OFDM 技术的基础上，提出可通过利用更高频段的频谱探索正交时频空间（Orthogonal Time Frequency Space，OTFS）的非正交多址接入（Non-Orthogonal Multiple Access，NOMA）这一新型多址接入复用方式，从而允许不同用户占用相同的频谱、时间和空间等资源。同时，NSAI 还将 NOMA 与深度学习／强化学习等 AI 技术融合，实现一个基站可为多个随机部署的 NOMA 用户提供服务的功能。

在有线回传方面，各大运营商主要采用光传输网络，它具有通信容量大、中继距离长、保密性能好、适应能力强等优点。NSAI 在传统光传输网络的基础上进行升级改造，提出具有动态带宽分配机制的分时复用无源光网络。该技术既能满足新时代多场景应用下超低时延的传输要求，又能自主分配带宽以动态适应负载。同时，通过利用多频带光网络单元（Optical Network Unit, ONU）和固定无线接入（Fix Wireless Access, FWA），降低其部署成本与部署复杂度。新一代光传输网络的使用，可满足 NSAI 的大规模终端连接与移动流量转发的实际应用场景。

（二）新型传输技术

在传统无线网络，包括蜂窝移动网和无线局域网等，网络结构通常是单跳的星型拓扑，即每个客户端均通过一条与固定接入点（Access Point, AP）相连的无线链路来访问网络。用户之间互相独立，保密性好；升级和扩容容易，只要更换两端的设备就可以开通新业务，适应性强。但是，这种传统通信技术已无法满足当今大规模网络拓扑要求，单星状拓扑结构的缺点是成本太高，不仅仅是无线通信，就有线通信而言，每户都需要单独的一对光纤或一根光纤（双向波分复用），要通向千家万户，就需要上千芯的光缆，而且每户都需要专用的光源检测器，难以处理，相当复杂。中央节点执行集中式通信控制策略，因此，中央节点相当复杂，负担比各节点重得多。在星型网中任何两个节点要进行通信，都必须经过中央节点控制，而且网络容量受到点到点香农极限的限制。

新型 L2 无线多跳通信在 5G 标准体系中已得到初步应用，包括新型无线综合接入回程（New Radio-Integrated Access and Backhaul, NR-IAB）技术在内的上行与下行通信，以及其侧行通信（New Radio Sidelink, NR-Sidelink）。而 L2 网络中间结点到目标结点之间的路径是由多跳组成，任何无线设备节点都可同时作为接入口和交换机接收与发送无线信号，或者与一个或多个对等节点进行直接通信。此外，通过认知网络的方法，L2 认知多跳通信可动态利用包括网络节点和频谱资源的机会，实现无线多跳传输中带宽不衰减等特性，增加网络系统容量的数量级，如图 3-2 所示。同时，新型传输技术对上行、下行、侧行链路的改造，也支撑万物智联的网络系统中对分布式数据流的传输服务质量。NSAI 运用 L2 认知多跳通信技术，通过结合 AI 算法，可以对无线频谱、无线信道和无线站点等网络资源进行更加动态、智能的调度和利用。在网络资源利用率最大化的同时，又可以适应复杂多变的场景，保证信息传输的可靠性。

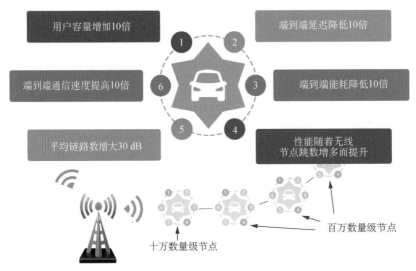

用户容量增加10倍

端到端延迟降低10倍

端到端通信速度提高10倍

端到端能耗降低10倍

平均链路数增大30 dB

性能随着无线
节点跳数增多而提升

百万数量级节点

十万数量级节点

图 3-2　新型多跳传输技术的优势

（三）微纳电子技术

随着芯片集成化的不断发展，传统计算机所采用的冯诺依曼架构由于其存储与运算分离而导致运算速度与存储速度失配，并且存在存储器与运算器在工艺／封装的差异、数据传输功耗的占比不断凸显等问题。

为解决上述问题，NSAI 积极采用 3D 异构的 Chiplet 芯片架构，Chiplet 技术是系统级芯片（System on Chip，SoC）集成发展到一定程度之后一种新的芯片设计方式，它通过将 SoC 分成较小的裸片，再将这些模块化的小芯片（裸片）互联起来，采用新型封装技术，将不同功能、不同工艺制造的小芯片封装在一起，成为一个异构集成芯片。

NSAI 通过深度集成计算、存储、传感和通信的一体化设计，构建基于 RISC-V 的新型指令集，进一步实现通信、感知与存算一体化等新技术融合创新，有力推动后摩尔时代新型芯片的更新应用。

如图 3-3 所示，NSAI 运用 3D 异构集成微纳米技术，设计具有感知、计算、存储与通信一体化的智能联接集成芯片。

（1）高速带宽数据通信。实现光互联、2.5D/3D 堆叠。

（2）缓解访存延迟和功耗的近数据存储。增加缓存级数、高密度片上存储。

（3）缓解／消除访存延迟和功耗的计算型存算一体。实现 DRAM 上的逻辑层和存储层的堆叠（类似近数据存储）、真正的存算一体（存储器颗粒的算法嵌入）。

基于 RISC-V 指令集的智联芯片内核研发设计主要包括基于 RISC-V 开源指令集，开展自主的嵌入式智联网络开源 IP 核设计研发，具备替代 ARM IP 产品生

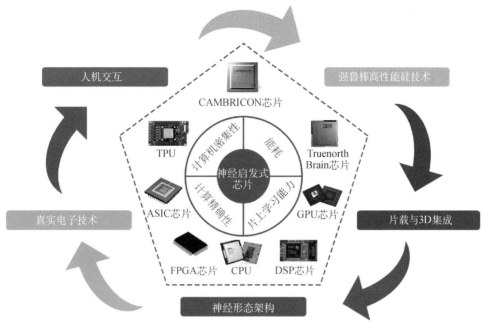

图 3-3　微纳电子技术

态的底层 IP 核技术平台，形成建立在物联网级智能硬件核心的智联网络开源 IP 生态应用。

　　在摩尔定律逐渐失效与新一轮人工智能浪潮来临的时代背景下，芯片技术面临在新场景、新需求与新技术的转型升级。NSAI 对于新型微纳电子技术的研究，将为 AI/ 通信算法提供更高效的算力。

（四）拟态构造计算与拟态晶圆技术

1. 拟态构造计算技术

　　计算性能的提升已经遭遇天花板。例如，计算速度与数据移动速度出现矛盾，计算资源规模与高速 / 高通量互联出现矛盾，用低阶计算模型、深度流水和超高主频的处理架构已逼近物理极限，并行算法的进步远滞后于并行处理核数增加的速度等。受拟态章鱼的启发，通过融合仿生学、认知科学和现代信息技术，探索与微电子工艺进步弱相关、领域专用软硬协同、权威可定义计算架构——拟态构造计算（Mimic Structure Computing，MSC），如图 3-4 所示。拟态计算是指基于主动认知的变结构多模态计算，使得计算架构可以主动根据应用需求动态改变，针对计算任务在不同阶段、不同时段、不同资源条件、不同服务质量、不同经济型要求等因素的影响，可动态生成（或选择）合适的计算结构与环境并为之服务。

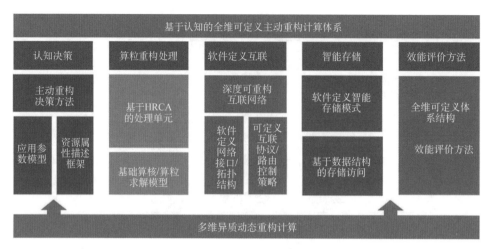

图 3-4　拟态计算软硬件协同体系架构

（图片来源：百度百科）

2. 拟态晶圆技术

拟态晶圆技术是基于软件定义的晶上系统（Software Define System on Wafer，S2oW），通过将不同构造、不同功能、不同工艺的芯粒（Dielet）像拼积木一样组装或集成到晶圆上，利用复用芯粒可快速组装成异构、异质、异工艺的晶圆级的复杂系统，并能极大地缩小信息系统的体积与功耗，指数量级地提升性能，如图 3-5 所示。通过直接在晶圆上实现一个超级系统，既节省时间，又提高性能和效能。因此，晶上系统很可能刷新信息基础设施的技术与物理形态。

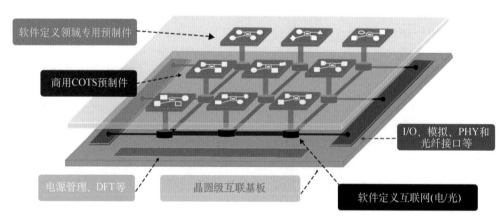

图 3-5　软件定义晶上系统

（图片来源：《SDSOW 赋能新一代信息基础设施》，邬江兴）

二、服务定制化层技术

NSAI 通过构建服务定制化层为无线 / 有线网络提供更加灵活、易扩展的定制

化网络服务平台。下面将介绍 5 项起支撑性作用的服务定制化层技术，即 SDN/
NFV 演进技术、虚拟网络切片技术、拓扑管理及资源分配技术、新型网络协议及
网络安全技术、多模态智慧网络技术。

（一）SDN/NFV 演进技术

服务定制化层依托软件定义网络（Software Defined Network，SDN）和网络
功能虚拟化（Network Functions Virtualization，NFV）这两大技术，提供网络切片、
拓扑管理、资源分配、负载均衡、路由传输以及安全性等定制化服务。SDN 和
NFV 的发展如图 3–6 所示，可以看作网络软件化总体趋势转变的不同表现，它深
刻地影响和沟通了电信业和 IT 行业。

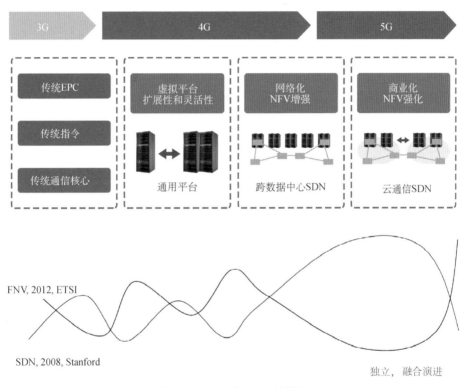

图 3–6　SDN 和 NFV 的发展

SDN 包含 3 个原则，即控制和包转发的分离、集中控制、通过定义良好的接
口对网络行为进行编程的能力。与传统的分布式网络不同，SDN 控制平面是一个
以软件方式实现的逻辑集中控制器。控制器运行在单个或集群的服务器上，具有
网络的全局视图，并根据操作策略进行流量管理决策。分组转发（数据平面）与
传统网络相比要简单得多，它是由通用交换设备提供的，而这些设备主要使用廉
价的交换机芯片，通过编程来实现流量的高效转发。这种对网络进行编程的能力

使创新更快，从而提高了响应能力、安全性、效率和成本效益。

NFV 将网络功能虚拟化，如负载平衡器、防火墙、入侵检测系统和信令系统，这些功能以前是由专用硬件提供的，现在通过虚拟机上运行的软件来实现，如图 3-7 所示。因此，NFV 通过软件取代专用硬件来减少资本支出。它还利用在云计算中的虚拟化所带来的效率，如规模经济、灵活性、定制和弹性等，降低了运营开支。

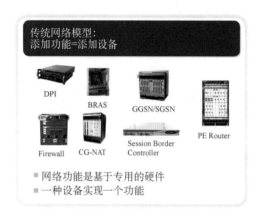
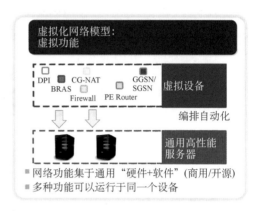

图 3-7　NFV 的软硬件解耦架构

（图片来源：中国电信报告）

SDN 和 NFV 共同推动了网络的软化，即软件控制网络流量的处理，通过软件处理为这些流量增值，并协调资源的动态分配，以满足客户应用程序的需要。同时，通过在融合的网络和云基础设施中正确地调整包和优化包处理，提高能源效率。

NSAI 通过 SDN 技术将数据层面与控制层面进行分离，并利用其软件定义架构可编程的特性，使 AI 算法有效融入网络架构的构建与优化。同时，NSAI 利用 NFV 基础设施对网络功能进行虚拟化重建，从运行的硬件中抽象网络转发与其他网络功能，以对其进行高效智能的管理 / 编排。NSAI 将 SDN 技术与边缘智能结合起来，在车联网与物联网场景中自适应优化网络资源 / 流量分发、计算卸载、链路分析和网络监控等问题。同时，提供具有高扩展性的服务平台，并加强与传统网络架构间的融合。

（二）虚拟网络切片技术

所谓网络切片，是指在同一个共享基础设施基础上运行的多个逻辑网络，提供给租户一定的独立运营能力的可保证的服务等级协议（Service-Level Agreement，SLA）基础上的定制化网络。它是一种根据实际需求对网络体系结构进行划分的技术，可在同一网络基础结构上实现虚拟化和独立逻辑网络的复用。随着 5G 网络的试探性商用及发展，B5G 及下一代无线通信 XG 网络的愿景已渐渐移入学者和应用开发者的研发领域。网络切片也是有效划分 B5G 应用场景的关键点。不同场景对于网络服务具有不同的需求。例如，自动驾驶和工业互联网对低时延有更高的需求，短视频等娱乐服务信息需要高质量的服务和移动宽带连接，而智能电网、智能家居等场景则需要大量的额外连接和频繁的小型数据包传输。因此，B5G 新应用场景对于在物理平台使用专门化、隔离化和安全化的资源分配有很大的需求。

目前 3GPP，ETSI，ITU-T，CCSA 等国际、国内主要标准化组织均有将网络切片和智能化相关联的工作。

（1）**3GPP 标准研究进展。**第三代合作伙伴计划（3rd Generation Partnership Project，3GPP）SA2 制定的全新 5G 核心网架构中引入新的网络功能——网络数据分析功能（NWDAF），用于收集、分析网络数据，以及向其他网络功能提供数据分析结果信息。

（2）**ETSI 标准研究进展。**欧洲电信标准化协会（European Telecommunications Standards Institute，ETSI）对智能切片展开研究，成立了 ENI 和 ZSM 工作组，分别研究切片智能化和切片自动化。

（3）**ITU-T 标准研究进展。**国际电信联盟电信标准分局（International Telecommunication Union for Telecommunication，ITU-T）SG13 主要研究未来网络的机器学习技术，当前已输出统一的逻辑架构。该架构与 3GPP SA2 定义的 NWDAF 的数据收集、分析、反馈模型类似。

（4）**CCSA 标准研究进展。**中国通信标准化协会（China Communications Standards Association，CCSA）关于切片的研究包括承载 IP 网络切片技术研究、传送网网络切片技术研究、通信网切片管理技术研究、核心网切片场景及关键技术研究、核心网切片的安全技术研究和 5G 核心网智能切片的应用研究课题。

切片在创建阶段、运行阶段和更新阶段均需要切片管理系统和智能分析系统交互，以便确定资源配置信息，或者获取切片运行动态情况以确定是否进行资源调整。

（1）**切片创建阶段。**切片租户根据自身的业务需求与运营商进行切片的 SLA 协商，并且向切片管理系统进行切片的订购。切片管理系统和智能分析系统交互确定切片的资源配置信息，以便完成 5G 网络切片的创建。

（2）**切片运行阶段。**借助智能分析系统以及海量网络切片数据，切片管理系统可以评估切片 SLA 要求或者切片策略信息的满足情况，针对网络切片初始配置不合理的情形进行更新。切片租户可以查询和监控切片的运行状态，如切片的用户接入数量、切片用户的区域分布情况以及切片的 QoS 保障情况等。切片租户可以接收到切片运行的预测信息，如在未来某个时间段内切片运行异常情况的预测信息等。

（3）切片更新阶段。切片租户根据自身业务数据的反馈以及查询到的切片运行状况，向切片管理系统申请修改切片的订购信息；或者智能分析系统向切片管理系统反馈切片运行状态分析结果，以便切片管理系统完成切片资源更新。

NSAI 旨在通过利用强化学习、图神经网络与分布式机器学习等 AI 技术，构建更加灵活和实时的网络切片框架。在 SDN、NFV 和容器等虚拟化技术基础上，提供用于切片 / 路由重新选择等多样化的服务等级协议，如图 3-8 所示。利用 SDN 架构的层次化控制器，实现物理网络和切片网络的端到端统一控制、管理与调度。

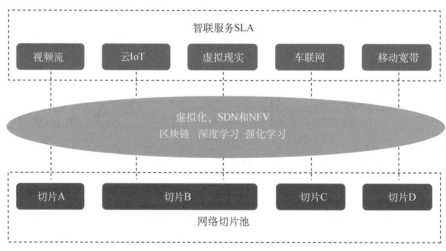

图 3-8　多元化 SLA 的网络切片

此外，NSAI 可通过闭环设计具有自进化能力的切片全生命周期管理方案，使系统具备自主、智能的端到端编排部署，以及业务需求 / 网络资源匹配的能力。

（三）拓扑管理及资源分配技术

NSAI 利用新型 SDN/NFV 及切片管理技术，对计算资源、通信资源和存储资源进行虚拟化抽象，并将物理资源和硬件资源通过虚拟化技术转化为可控、可分和可重构的虚拟资源，在多样化人工智能算法的支持下，实现网络拓扑和资源的灵活化、自动化和智能化的管理和分配。

在静态资源分配的场景下，NSAI 将设计具有可扩展性的系统与传统的网络架构进行匹配，可利用强化学习等决策类型的人工智能算法进行资源的管控。在动态资源分配场景下，NSAI 将设计契合切片与数据中心之间相互协调的系统，利用具有自进化特性的人工智能算法进行智能感知资源分配。

此外，NSAI 将调动更加多元化的基础设施，在云－边－端协同的框架下，对空－天－地－海进行有机的整合，达到混合异构网络的最优资源分配。NSAI 对虚拟网络资源分配的具体过程如图 3-9 所示。

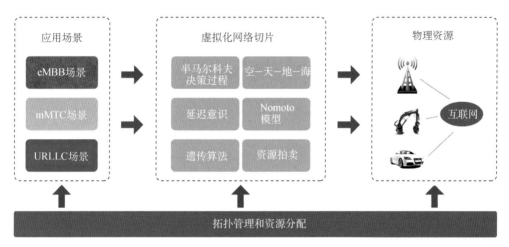

图 3-9　虚拟网络的动态资源分配

（四）新型网络协议及网络安全技术

网络协议（Network Protocol）定义了网络上所有设备之间相互通信和进行数据管理、数据交换的整套规则，它还规定了通信时信息必须采用的格式和这些格式的意义。TCP/IP 是 Internet 的基础协议，在开始设计的时候并没有考虑到现在网络上有如此多的安全威胁，由此导致许多利用协议漏洞的攻击方法出现。协议体系本身的安全缺陷（主要是明文传输和缺乏强认证）能够被恶意者利用来对网络进行攻击，进而引发一系列网络安全问题。例如，超文本传输协议（Hyper Text Transfer Protocol，HTTP）是互联网最重要的应用层网络协议之一。由于当初设计 HTTP 时，在安全性方面考虑不充分，导致 HTTP 存在严重安全缺陷：其数据的明文传送和消息完整性检测的缺乏，导致服务器易被入侵、传输信息易被截取、客户端易被攻击、服务易被拒绝等安全问题产生，甚至可以说，如今互联网面临的各种各样的安全问题大多数都能最终归结到 TCP/IP 族中各个协议存在的先天固有安全缺陷。

如今在新场景、新需求与新应用的背景下，对于新型网络的功能和协议具有更加迫切的需求。传统 IPVx 协议对网络动态性支持能力有限，对于层出不穷的应用需求进一步推动不同新型网络架构的演进和涌现。未来的网络协议体系将会是一个新旧协议和多元架构并存的态势，因此，如何协调多元网络协议和路由模式的资源调度、负载均衡，将会成为 NSAI 系统构建的一个主要目标。可以说，网络安全协议是定义网络安全连接及数据安全传输的基本格式和规则，是构成网络空间安全保障能力的基础构成要素，是芯片、操作系统、计算机、网络设备基本安全能力的支撑，也是赖以建立网络信任的基础。网络安全协议通常以协议栈软件代码形态嵌入操作系统中间功能层中形成基础的安全功能。具备安全功能的计算机、网络设备或专用的网络安全设备部署在网络环境中，才能使网络空间的安全、健康发展成为可能。网络安全协议及其代码也是定义各种网络服务、网络行为的基本技术规范，是网络空间安全治理的核心着眼点和关键技术手段，是网络信任赖以建立的基础。

NSAI 旨在通过构建新型协议和算法来解决路由链路构建、数据信息传输和负载均衡的问题。在动态用户接入和大规模网络阵列的场景下，利用智能感知算法对拓扑、路由和输入流量之间的复杂关系进行分析，获取节点与链路间的拥塞状态，最终进行流量与信息传输的最优化。

NSAI 的安全性问题已经不仅仅存在于系统的每一个功能组件，而是成为贯穿系统的本质性问题，包括可通信、计算、存储、算法的各个层面。由于网络数据包的共享性和可编程接口的开放性，且不同的网络数据包还具有不同的安全级别，因此，需要一个复杂的、可以自适应的安全协议。例如，在 NSAI 的相关研究中，可通过对 5G 网络数据包及虚拟化技术的安全问题进行分析，提出将网络数据包信任度作为其安全级别，并建立一个信任度计算模型应用于数据传输协议，从而确保网络数据包的安全性。

（五）多模态智慧网络技术

随着互联网与经济社会深度融合发展，"互联网＋"、"工业 4.0"等成为国民经济领域的新支柱；互联网在当前社会中扮演的角色日益增多，用户对网络的专业化、个性化需求不断提升；多元化终端类型、接入方式不断发展，人–人、人–机、机–机、网–网通信等成为常态，要求网络必须为海量业务提供多元、个性、智慧、高效、鲁棒的服务。以此为导向，多模态智慧网络旨在打造一个具有多模态功能呈现、全方位覆盖、全业务承载、智慧化管理控制和内生安全特性的新型网络体系架构，如图 3–10 所示。

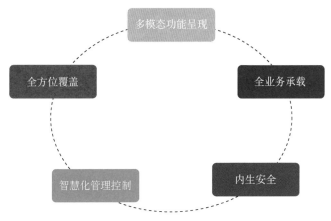

图 3–10　多元化 SLA 的网络切片

信息网络服务过程的本质是通过资源组合向上提供服务的过程，从网络构造的角度来提升网络的功能、性能、效能、安全，将"结构可定义"贯穿于网络的各个层面，采用软硬件协同处理、资源动态组合、网络重构等网络功能元素的细粒度控制与灵活组合手段，建立从底层到上层全维度可定义的灵活、通用"魔方"网络结构，实现网络结构按照功能、性能、效能、安全等需求定义。以网络结构全维可定义为基础，构建网络各层功能多模态呈现的网络架构 – 全维可定义的多模态智慧网络，支持寻址路由、交换模式、互联方式、网元形态、传输协议等的全维度定义和多模态呈现，支持互联网的演进式发展。多模态体现为寻址路由、交换模式、互联方式、网元形态、传输协议等网络要素的多种模态，其中，寻址路由体现为基于 IP、内容、身份、地理空间等标识的多种寻址路由模态，交换模式体现为分组交换、新型电路交换等模态，互连方式体现为光纤、同轴线等有线链路或 Wi-Fi 和 LTE 等无线链路模态，网元形态体现为骨干级、汇聚级、接入级等各种功能、性能、外形等不同的节点模态，传输协议体现为面向各种业务、场景、功能等需求的网络协议。

网络智慧化管理控制技术借助人工智能、大数据分析等技术的蓬勃发展以及网络资源的广泛普及性能提升，以网络传输效能、节点运行效能、业务承载效能和服务提供效能等为约束，在结构优化、资源配置、功能管理与业务承载等方面进行智能控制并自我优化，使网络具备面向泛在用网场景的"自动驾驶"能力，具备面向工业互联网融合和业务编排能力，能够智能动态适应用户需求的变化，在数以亿计的用户、网元和业务之间进行适配协调，从而优化网络功能 / 性能，提升用户体验，降低网络运行和维护成本，从根本上为各种类型和各种层次的业务提供多元、个性、高效的服务。

三、通用智联平台层技术

通用智联平台层作为服务定制化层与应用系统层的中间件，主要作用就是为应用程序提供接口，以透明地使用底层网络与计算技术。下面将要介绍 5 种最重要的技术，即分布式 AI 计算技术、网络自动配置技术，新型 AAA 技术、在线进化学习技术、Ubiquitous-X 技术（应用系统层技术之一）。

（一）分布式 AI 计算技术

分布式人工智能（Distributed Artificial Intelligence，DAI）是一种用来解决复杂的学习、计划和决策问题的方法。由于其高度并行特征，能够进行大规模计算，并且充分利用分布式的计算资源和数据。DAI 系统由分散的自主学习处理节点组成，通常规模非常庞大，节点可以独立运行，也可以通过节点之间的异步通信方式进行集成。分布式人工智能系统包括以下 6 个特点。

（1）**分布性**。整个系统的信息，包括数据、知识和控制等，无论在逻辑上或者物理上都是分布的，不存在全局控制和全局数据存储。系统中各路径和节点能够并行地求解问题，从而提高子系统的求解效率。

（2）**连接性**。在问题求解过程中，各个子系统和求解机构通过计算机网络相互连接，降低了求解问题的通信代价和求解代价。

（3）**协作性**。各子系统协调工作，能够求解单个机构难以解决或者无法解决的困难问题。例如，多领域专家系统可以协作求解单领域或者单个专家系统无法解决的问题，提高求解能力，扩大应用领域。

（4）**开放性**。通过网络互联和系统的分布，便于扩充系统规模，使系统具有比单个系统广大得多的开放性和灵活性。

（5）**容错性**。系统具有较多的冗余处理节点、通信路径和知识，能够使系统在出现故障时，仅仅降低响应速度或求解精度，以保持系统正常工作，提高工作可靠性。

（6）**独立性**。系统求解任务归约为几个相对独立的子任务，从而降低了各个处理节点和子系统问题求解的复杂性，也降低了软件设计开发的复杂性。

与一般的集中式人工智能相比，分布式人工智能可解决的主要问题包括：规模化的计算问题、计算模型的拆分训练；多智能体专家系统的协作；多智能体博弈和训练演化，解决数据集不足的问题；群体智能决策和智能系统决策树的组织，适应复杂的应用场景，如工业、生物、航天等领域；适应物联网和小型智能设备，联合更多的计算设备和单元。

分布式人工智能一般分为分布式问题求解和多智能体系统（Multi-Agent System，MAS）两种类型。传统的分布式问题求解（Distributed Problem Solving，DPS）研究如何在多个合作的和共享知识的模块、节点或子系统之间划分任务，并求解问题。MAS 则研究如何在一群自主的节点间进行智能行为的协调。分布式 AI 计算技术的主要功能是合理分配计算任务和资源，并在各个功能模块间进行协调，如图 3-11 所示。

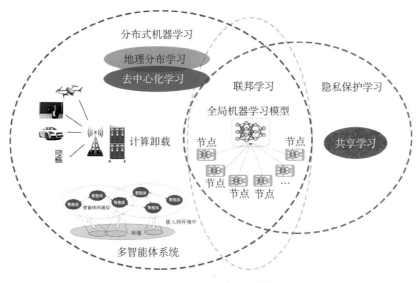

图 3-11　分布式 AI 计算

为保证数据信息隐私安全，NSAI 将联邦学习理念融入复杂系统中，用于分布式训练的原始数据始终保存在用户终端，仅传输知识结构和高层语义信息。另外，为了实现多机器人协作、分布式控制、资源管理、协作决策等，NSAI 引入了基于分布式 AI 计算技术的多智能体系统，通过分布式 AI 计算技术，NSAI 将实现更高的学习和推理效率，更好地保护用户数据隐私安全，并最终实现在线进化学习。

（二）网络自动配置技术

未来网络终端的类别和数量爆发性增长，网络需要有效解决终端的有效接入、控制和资源调配问题。同时，在海量网络数据非平稳增长与变化的情况下，网络的智能适应和服务控制问题同样需要关注。

在 B5G/XG 的背景下，NSAI 中的网络配置不再只是将参数或资源分配给虚拟化系统，而是通过引入 AI 技术进行更加智能的调控，并在实现智能网络、多时间尺度、动态和多样化智能服务等方面发挥重要作用。NSAI 借助 AI 技术，对无线网络的基础设施和传感设备产生的复杂网络数据进行学习，实现实时最优网络配置，以获得更好的网络性能。

针对网络资源的有效管控与自动配置，NSAI 的主要研究方向包括：研究多样化通信模组和多源异构终端硬件在物理层和接入层的网络架构，实现各种复杂、异构数据在边缘端的分析和处理；开发具备自我学习能力的分布式人工智能算法，分析影响数据采集、融合和传输的机理，提高通信系统核心控制和终端实时响应能力；开展基于海量时变网络数据和人工智能的自适应云－边－端融合网络架构研究，通过将 AI 技术应用到分布式网络环境中，形成在线自我学习、自我适应、自我演进的网络控制机制。

NSAI 中网络自动配置的主要研究方法有以下 4 种。

（1）提出云计算－区域边缘管理－智能接入终端的"云－边－端"多层融合智能网络架构，网络各节点可自主计算、处理与控制；基于数据应用驱动和分布式智能算法，实现合作通信与自适应网络控制，满足区域个体和整体的不同需求。

（2）研究网络接入和传输、与云－边计算有机融合的新型组网理论和技术，研究智能 L3 多跳自组网络关键技术，支持智能化选频与 AI 路由，提升网络在用户数和时延等方面的性能。

（3）挖掘非平稳、多维度海量网络数据，刻画复杂网络环境下的用户接入和网络流量特征，建立准确的网络及用户行为预测模型。基于人工智能技术，联合设计网络层、链路层和物理层资源调度算法，贯通网络层自适应路由、链路层覆盖优化、物理层波束成型和信号处理等设计。

（4）通过终端与终端、终端与边或云端的自组智能协同，实现网络节点间的自主 / 协同数据处理、网络数据的实时感知和共享。研究多智能体（网络终端）数据融合和通信配置机制，实现对复杂网络资源的实时调配和自适应网络控制。

（三）新型 AAA 技术

认证、授权与记账（Authentication，Authorization and Accounting，AAA）的简称即为 AAA 技术，其中，"认证"即验证用户是否可以获得访问权限，"授权"即授予用户特定的访问权，"记账"即记录用户使用网络资源的情况。AAA 技术并非一个新技术，但在 NSAI 中网络规模及复杂程度远远高于传统的系统，设备接入请求也更为频繁，因此，传统的集中式 AAA 结构难以处理如此庞大的数据量。将 NSAI 的复杂系统特点与区块链技术结合是实现 NSAI 分布式新型 AAA 技术的潜在解决方案，其具体架构如图 3–12 所示。

区块链通常是指实时、不可变更的交易和所有权记录，其本质是一种分布式数据库技术，在本节主要用于 NSAI 系统中设备节点的认证、授权、使用情况的行为记录与管控。其主要功能特性包括：节点之间的数据交换过程不可篡改，并且已生成的历史记录不可被篡改；每个节点的数据会同步到最新数据，并且会验证最新数据的有效性；基于少数服从多数的原则，整体节点维护的数据可以客观反映交换历史。

区块链系统主要由 4 个模块组成，即 P2P 网络协议、分布式一致性算法（共识机制）、加密签名算法、账户与存储模型。NSAI 中海量设备会实时产生大量认证与资源使用的历史数据，对其进行高效的记录和管理，

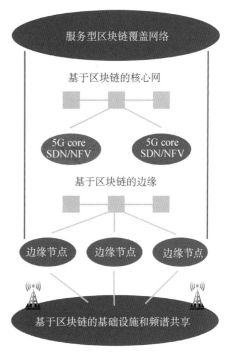

图 3-12　NSAI 中 AAA 的区块链

不仅需要利用区块链系统，还要解决 NSAI 的复杂网络环境下的记录效率和可用性问题。

区块链技术具有不变性、不可否认性与可审计性的特点，可以保障认证系统的运行安全。另外，区块链的分布式去中心化设计，还可以更好地结合 NSAI 的复杂分布式系统环境，大幅减轻实时传输、处理数据的压力。同时，为满足 NSAI 中海量信息的实时记录与管控需求，应设计新型 AAA 技术下的网络协议、共识机制以及分布式信息存储方法，在吞吐量、时延、信息存储与更新效率等方面，对现有区块链技术做进一步优化。

（四）在线进化学习技术

目前主流的基于 AI 的视觉识别等应用，一般需要基于全监督学习、配合大量人工数据标注进行模型训练与优化，而万物互联下各种现实应用的大量感知数据是随场景动态变化的，这对全监督学习的适应性和泛化性带来了挑战，这就要求 NSAI 的各应用系统实时适应感知数据分布变化，以便提供定制化 AI 应用。面向智联网络中的多智能终端和边缘系统，在线进化学习（Online-Evolutive Learning，OEL）通过有效利用多源异构的分布式数据流，在不依赖人为标签或干预的情况下，可自适应开放式非平稳物理网络变化，并利用多智能体的自组织协作实现系统的功能，构建物理与信息融合的算法智能环境，形成通用人工智能的

统一网络体系，如图 3-13 所示，能够在全面提升模型泛化性的同时增强模型在特定环境的适应性。通过在线进化学习技术，研究通用人工智能统一框架，对知识信息进行有效的编码记忆和学习处理，对强化学习和监督学习等学习范式进行统一，从而实现学习范式转变，形成通用人工智能网络。

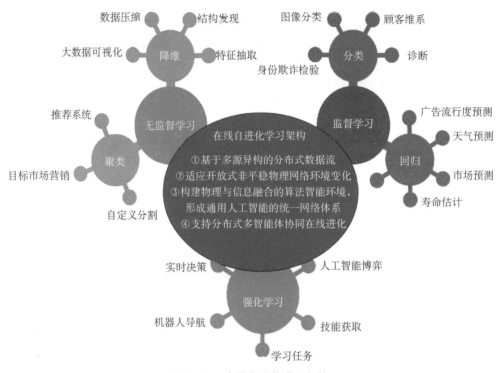

图 3-13　在线自进化学习架构

在线进化学习的主要研究趋势包括：模拟智联空间下的多区域智能终端（智能体）在线交互学习环境，针对智能体获取到的海量无标签数据，以多模态、多视角学习为切入点，设计物理与算法空间融合的智能环境，实现终端间的预测融合等反馈方式，实现智能体间的自主信息交互与互监督训练方法；面向全流程模型的自主与协同优化，探索感知数据与多智能体自进化的关联关系，并评估智能体规模对协同优化的影响程度，从而引导模型充分适应新增数据形成的特征表示非平稳变化，实现自进化的模型演进。

多智能体互监督融合反馈方式的研究包括：考虑 NSAI 下的终端及边缘智能环境，多智能体可以在局部空间低成本、高可靠地大量交换数据信息，边缘智能设备具备较强的算力规模，且实时观测与感知现实环境；在部署算法模型的各智能体上，以脱离人工强监督信息、进行多智能体间的识别模型自我学习迭代为目的，研究判别模型的监督信息可靠性及融合机制，保证智能体间可以利用其现有知识，在具体任务上实现模型的识别能力随环境变化不断泛化。

多视角多模态数据相关性对在线进化学习影响程度评估的研究包括：区域范围内的多智能体，可以观测感知到不同视角的图像信息，这些信息的独立性与关联性对在线进化学习会带来巨大影响。现实场景下的具体应用实现多以判别模型为主，其判别结果的独立性与自进化学习过程中的融合监督信息可靠性密切相关，如何评价多视角感知数据对互监督学习的影响，提出在线自进化学习的指导性范式，是在线进化学习的重要理论基础。

智能体规模化部署与在线进化学习应用的研究包括：在探究多智能体反馈融合机制及数据分布相关性对自进化学习影响程度评估的基础上，考虑智联空间现实场景下的区域智能体在线自进化学习及其应用验证。面向多智能体规模化部署，研究支持任意数量智能体融合学习的模型构建方法，实现弹性的多智能体判别信息融合与在线训练，并以此探究智能体数量与自进化学习之间的促进关系，从而在 NSAI 场景下选取典型应用，验证在线进化学习系统的可靠性与有效性。

四、应用系统层技术

NSAI 的应用系统层技术为用户提供颠覆式体验，这些技术可应用于各个行业、各个城市，甚至覆盖所有人类可以抵达的地方，并作为支撑数字城市、先进制造、未来交通、智能电网等领域的关键性技术，最终形成新一代互联网和智联社会。下面主要解析 3 种应用系统层技术：① "数字孪生技术"——连通物理世界与数字世界的桥梁；② "沉浸式计算技术"——虚拟世界的造物主；③ "知识图谱技术"——向机器赋予人的推理能力。最后，还将展望 "Ubiquitous-X 技术"。

（一）数字孪生技术

数字孪生技术（Digital Twin）就如同数字世界的海市蜃楼一样，可以将整个城市复刻到 "云端"。每个走在街道上的行人都有一个数字副本，举手投足与他们完全一致。物理世界与数字世界仿佛一对孪生姐妹，因此，这项技术被称为 "数字孪生技术"。

数字孪生的过程就是仿真过程，即构建真实物体的物理模型。根据传感器数据以及运行轨迹将其转换为动态模型，数字孪生架构如图 3-14 所示。

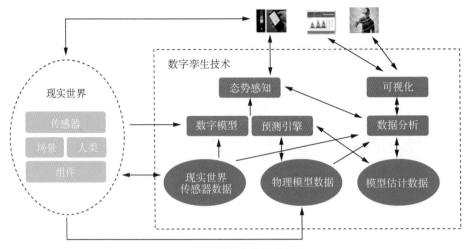

图 3-14　数字孪生技术架构

数字孪生技术具有 3 个主要特点。

（1）**全生命周期**。数字孪生应贯穿实体对象的整个生命周期，甚至可以超越其生命周期，在数字空间持久存续。

（2）**实时/准实时**。实体对象与孪生体之间并不完全独立，而应建立完全实时或准实时的映射关系。

（3）**双向**。实体对象与孪生体之间的数据流动是双向进行的。

例如，数字孪生目前的一个重要应用领域是基建工程。在修建高速公路、桥梁等基础设施前，通过对整个工程的数字化建模，在虚拟数字空间对其进行仿真和模拟，评估工程的结构和承受能力；通过导入流量数据，评估工程是否可以满足投入使用后的需求；在工程交付后的维护阶段，评估工程是否可以承担特殊情况的压力等。

除了上述的数字孪生城市、基建工程领域外，医疗、物流、环保等众多场景都是数字孪生技术的重要应用场景。搭载 NSAI 平台，数字孪生技术可以获取海量数据，从而构建出强大的数字孪生体。通过充足的计算与通信资源，模拟实体对象的运作规律，并帮助在现实世界中付诸实践。另外，可以与其他应用层技术融合使用，更好地为人类服务。

（二）沉浸式计算技术

沉浸式计算技术可以使人们足不出户就可以身临其境地感受异地场景。虚拟现实（Virtual Reality，VR）技术可以通过贴近人眼的显示屏呈现超高分辨率的视频内容，也可以在经过特殊设计的房间中布置多投影环境，为用户提供身临其境的现场感。另外，结合穿戴式传感器或外置传感器检测用户姿态与运动，可以实现人与虚拟世界实时的交互，从而获得深度沉浸感，如图 3–15 所示。

图 3–15　VR/AR/MR 技术

增强现实（Augmented Reality，AR）技术则是致力于将数字世界融合到人们对现实世界的感知中，有如"假作真时真亦假"的超现实体验。不过，AR 技术使得"假"完全服务于"真"。例如，在特制镜片上显示文字、图像信息，帮助用户及时获取当前的环境信息，进一步地，除了视觉信息外，还可以提供听觉、触觉、嗅觉等感知信息。未来的 AR 技术还将使用计算机生成多维同步的感知信息，达到完美的增强现实效果。

混合现实（Mixed Reality，MR）技术是通过在现实环境中引入虚拟场景信息，将虚拟世界和真实世界进行无缝合成，使得物理实体和数字对象满足真实的三维投影关系，从而构成一个虚实融合世界。并且在现实世界、虚拟世界和用户中，构建起一个交互信息反馈的回路，以增强用户的真实体验感。

VR，AR 和 MR 技术可以带给人们无尽的想象，其创造的足以媲美真实世界的沉浸环境，将会应用在商业领域，促进经济繁荣；应用在艺术、娱乐领域，使人们心灵愉悦；应用在教育和医学领域，推动社会资源公平、合理分配。B5G 网络的普及无疑会给沉浸式计算技术带来前所未有的发展契机，搭载 NSAI 的快车，更有可能颠覆所有行业的商业模式和运作机制。

（三）知识图谱技术

搜索引擎成为人们生活中必不可少的工具，但是，随着知识信息爆炸时代的到来，传统搜索引擎必须完成自我进化以适应新的市场需求。谷歌（Google）公司于 2012 年率先提出知识图谱技术的概念。知识图谱可以定义为揭示实体关系的语义网络。所谓实体，指的是现实世界中的所有事物，譬如人、城市、公司、因特网、天空；而关系则用来表达不同实体之间的某种联系。以"实体"为结点，以"关系"为边，从而组成一个如人脑一样具有推理能力的网络。在知识图谱的辅助下，搜索引擎可以洞察用户输入的查询词句中的语义信息，返回更为精准、结构化的信息，从而更大可能地满足用户的查询需求。

知识图谱技术链如图 3-16 所示，其中最关键的是以下 4 个步骤：知识获取、知识融合、知识表示、知识推理。当前，知识图谱技术已经广泛应用于智能搜索、智能问答、个性化推荐等领域。但是，通过与 NSAI 结合，这项技术还将迸发出更大的能量。NSAI 尤为关注不同个体之间的关系，表现为既有真实的个体，也有虚拟的个体；可以是松散的关系，也可以是强耦合的关系。总体而言，NSAI 中个体关系错综复杂但井然有序，共同构成一个有机的整体，更加接近人类的认知与决策思维。

图 3-16　知识图谱技术链

（四）Ubiquitous-X 技术

基于 6G UC4 的设计理念，从支持未来人类社会的需求和愿景的顶层设计出发，孕育出可支撑以"人–机–物–灵"为通信对象的 6G 网络架构 Ubiquitous-X。Ubiquitous-X 网络架构将随着技术演进与社会发展，逐步融合信息通信、群体智能以及人类社会性的未知维度，扩展未来网络的发展空间。图 3-17 展示了 Ubiquitous-X 网络的逻辑架构。在 6G 时代，"人–机–物–灵"构筑了与时、空、情景相交而成的智慧环境，交互和处理的信息规模将呈现几何级数的增长，以前的"一人千面"将增升至"一人千境、千境万面"的体验。Ubiquitous-X 网络形态也将发生深刻变化，从"网络为中心"到"边缘中心对等"，从"数据为中心"到"人和环境为中心"，构建未来 6G 网络，实现 6G"改造世界"的使命。

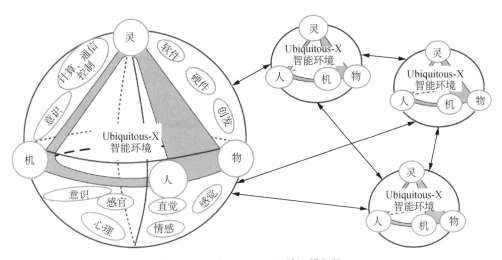

图 3-17 Ubiquitous-X 的逻辑架构

（图片来源：《Ubiquitous-X：构建未来 6G 网络》，张平）

通过借助复杂系统的耗散结构理论，不难分析预测 Ubiquitous-X 网络的演进范式将转变为一种有序结构，在信息空间或状态空间达到高水平的平衡态。同时，为了应对 6G 诸多技术挑战，需要在无线接入与网络技术方面进行重大变革。针对 Ubiquitous-X 网络，未来热点研究的核心技术包括 Ubiquitous-X 接入有序融合、Ubiquitous-X 资源有序编排、Ubiquitous-X 架构有序演进等。

第四章 SHCity 智联应用场景

§4.1 智联城市空间微场景

随着 5G 和 AI 时代的到来,万物互联成为智慧城市的基础,从传统价值链合作到生态圈建设的转变将成为不可阻挡的发展潮流。依靠来自传感器(物)、汽车、服务商、人的信息,通过虚拟与现实无缝融合的集成化线上与线下融合环境,结合分布式 AI 的信息处理,NSAI 将带来多种关键服务与创新用户体验,形成万物智联的新生活方式,如图 4-1 所示,打造智慧社区、智慧商圈和智慧园区等微场景,全面提升用户体验。

图 4-1 智联城市空间微场景示意图

(图片来源:上海市推进"智城计划"实施方案)

（1）**智慧社区**。NSAI 可以将各种城市公用资源（如水、电、油、气、交通、公共服务等）连接起来，监测、分析和整合各种数据以做出智能化的响应，更好地服务市民。例如，向所有住户安装数控水电计量器，其中包含低流量传感器技术，防止水电泄漏造成的浪费。同时，搭建综合监测平台，及时对数据进行分析、整合和展示，让居民对社区资源的使用情况一目了然，对自己的耗能有更清晰的认识，对可持续发展有更多的责任感。

（2）**智慧商圈**。通过采用 L2 多跳组网，增强网络通信能力，以网线和电线的方式，支持海量终端的万物互联。消费者可以方便地得知目的地的最佳路线图、商铺的实时活动；商家也可以清晰地了解目标客户的喜好，进而有针对性地提供服务；商圈更是能够对人流和车流进行实时定位、规划路径，大大减少人流拥挤的情况，在后疫情时代具有非常重要的意义。

（3）**智慧园区**。通过传感器实时采集环境因素、人、车和使用数据等信息，NSAI 会合理利用和调度资源，打造以人为本的智慧管理平台。从空间资源管理到物业管理，从办公平台到电商平台，无论是园区内的智慧通行，还是各项数据的科学展示，NSAI 都会把在线化、数字化和智慧化贯彻到底，赋能整个园区。

随着信息技术的不断发展，城市信息化应用水平不断提升，智慧城市建设应运而生。建设智慧城市在实现城市可持续发展、引领信息技术应用、提升城市综合竞争力等方面具有重要意义。NSAI 致力于在建设城市大脑方面继续探索创新，进一步挖掘城市发展潜力，加快建设智慧城市，为全国创造更多可推广的经验。

§4.2　车路云协同自动驾驶与智联交通

传统单车智能是利用激光雷达、摄像头、毫米波雷达等主要传感器以及 V2X、物联网通信技术，实时获取高速公路路段到路网级交通状态信息。通过车路协同通信技术，将感知到的交通状态信息实时共享给智能网联汽车（Intelligent Connected VeRicles，ICV），可帮助智能网联汽车在匝道、隧道、弯道等关键路段实现"超视距感知"，以辅助其进行驾驶决策；基于感知获取的交通状态信息，作为智能交通决策算法输入，以实现智慧、高速的车路协同智能管控。交通状态预测是在交通状态感知的基础上，通过大数据建模分析，帮助运营管理和驾驶人员预测未来交通状态，主要包括短时交通状态预测、突发交通事件可能造成的影响预测、早晚高峰等日内交通需求变化引起的日常周期性交通状态波动，以及节假日引起的季节性交通波动等。

现有主流的车路云协同自动驾驶技术也存在一定的局限性。例如，基于蜂窝技术的 NB-IoT、eMTC 需要依赖运营商的网络部署，很难有效保障桥梁、涵洞、边坡等特定路段的有效覆盖和大量传感器设备的接入，同时给运营业主带来流量成本，在通信时延和质量、感知决策上也存在一定的不足。而基于 NSAI 的车–路协同技术通过道路网络、传感器网络、控制网络等，能够形成安全、高效、环保的道路交通系统，可以实现多种车辆在同一道路上协同行驶，被认为是智能交通系统的新趋势。

通过 NSAI 维持车辆间、车辆与交通设施间可靠、高效、安全的信息服务，改变智能驾驶中的单车智能局限性，实现向车路云协同自动驾驶的迁移，进而实现车路云三者的智能实时交互。在分层交通网络管理机制中，云中心可监控整个交通网络状态，与路边调配单元、车辆终端通信，获取请求信息并发出调配命令。如图 4–2 所示，假如有一辆救护车需要提高行驶速度，它可以向 NSAI 申请开辟紧急绿色通道，NSAI 通过智能化算法重新规划周边所有车辆路径，为救护车自动开辟出一条高速行驶紧急通道，而其他车辆如水波分流运转。NSAI 所带来的全新城市车辆分布式运载系统将会重新定义用户的出行方式，带来无与伦比的体验。

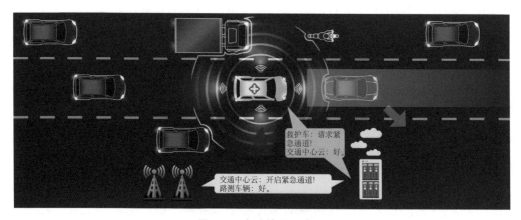

图 4–2　车路协同示意图

§4.3　智联医疗与精准健康管理

现有远程医疗是指通过网络和移动平台等电信渠道对患者进行远程诊断和治疗。最初它是为医疗保健专业人士在农村地区开发的，随着医疗保健朝着基于价值的医疗方向发展，远程医疗的技术能力有助于减少患者的再入院次数，患者更加信赖医疗救护、药物使用和快速康复。但是，远程医疗也存在一些缺点，包括隐私性、数据需求、护理连续性以及不能面对面交流可能导致的效率低下和体验不好，以及潜在的法律问题。

NSAI 针对现有远程医疗的薄弱点创造性地提出智联医疗，可以将医生、患者、医院和监管机构进行有效整合，提供可靠的定制化、精准健康管理服务，如图 4-3 所示。医疗健康服务可以在全生命周期内持续提供高质量的服务。在满足隐私保护的前提下，NSAI 可存储、保护、检索、分析和共享来自患者、医生、医疗设备等的数据。医疗资源也可以在医生和医院之间共享，医生或可通过医疗设备远程检查患者，医生也可以从本地或远程数据库检索所有共享数据，解决医疗资源不平衡的难题。智联医疗有助于消除医院与医院、地区与地区之间的边界，从而实现医疗资源共享。

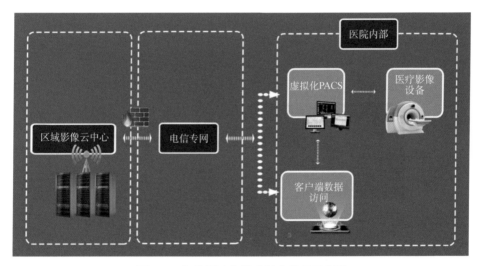

图 4-3　智能医疗与精准健康管理示意图

国外在远程医疗这一领域的发展已有近 40 年的历史，我国虽然起步较晚，但这几年得到充分的重视和发展。智联医疗的出现未尝不是一个让我国实现弯道超车的机会，NSAI 将持续推进智联医疗的发展，致力于向世界提供优良的中国特色方案。

§4.4　智联教育与个性化培养

在教育服务上，NSAI 积极推进智慧教育文化建设，提出智联教育。智慧教育是依托物联网、云计算、无线通信等新一代信息技术所打造的物联化、智能化、感知化、泛在化的新型教育形态和教育模式。其技术特点是数字化、网络化、智能化和多媒体化，其基本特征是开放、共享、交互、协作、泛在。NSAI 致力于以教育信息化促进教育现代化，用信息技术改变传统模式。

　　NSAI 的教育服务旨在融合学生、教师、学校、培训机构所有的学习资源。任何数据都可在知识产权保护下检索和共享，为学生、教师和监管者提供无缝服务。除了基础的电脑操作以外，NSAI 首次提出脑电操作，学生和教师可以由大脑信号通过映射关节将脑电信号经智联网络进行传输，实现教师和学生的无障碍交流。基于人工智能的教育网络和服务可以实现终身学习，学校的物理边界和城市的地理边界都将被消除，降低了教育的时间和空间成本，提升了教育的灵活度和质量。

　　如图 4-4 所示，NSAI 教育服务将显著提高学习和教学效率，解决城市和国家之间学习资源不均衡的问题。同时，学生还可以进行个性化、定制化的学习和培训，每个人都可以得到自由而全面的发展。

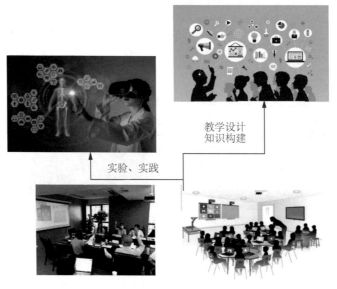

图 4-4　远程教育与个性化培养示意图

§4.5　智联产业互联网体系

　　互联网在经历消费互联网、互联网思维之后将迎来新的机会——产业互联网。

基于 NSAI 的智联产业互联网体系集成了通信技术、人工智能、大数据等重要技术，使产业与互联网协同发展、动能持续转换。工业互联网被认为是连接整个工业系统、产业链和价值链的关键基础设施，支撑工业智能化的发展。通过 NSAI，可以在人与机器、机器与机器、服务与服务之间形成互联，从而实现高度的水平、垂直和端到端的集成。先进工业智能服务体现了自动化与信息化的融合，可以创造以价值链为导向的端到端生产流程，实现数字世界与物理世界的有效融合，使产品价值链与不同企业和客户需求相融合。NSAI 可实现网络化、智能化、定制化的家居设计、生产及配送，如图 4-5 所示。通过将人与机器、机器与机器、服务与服务间进行互联，满足用户的个性化定制需求，并由云服务器智能化选择设计商、生产商、配送商。每个商业实体只需要完成自身工作而省去其他诸如商业对接、寻找上下游供应链等中间步骤，大幅精简供货流程资金，全面提升工业企业利润。

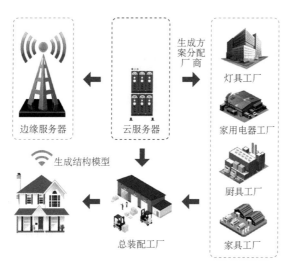

图 4-5　定制化家居设计、生产及配送

§4.6　数字化智联农业系统

基于 NSAI 的农业服务可以整合各种新兴技术，实现农业生产的精准耕作、可视化管理与智能决策，把消费者、农业专家、农民、经销商等各方连接在一起，从而大大提升农业生产和流通的效率和精度。利用 NSAI 实时数据分析技术，可以对作物生长等进行预测，对水分、苗情、虫情、灾情等进行预警和分析，对环境污染信息进行严密监测。无人驾驶的农业机械，如收割机和拖拉机，则可以全天候工作，并精确、高效、自动地完成路线规划。智能灌溉系统利用高精度土壤温湿度传感器和智能气象站，远程采集土壤水分、pH 值、养分、气象信息等数据，实现水分或干旱自动预报、灌溉用水量智能决策，可实现精准耕作、精准施肥、合理灌溉等灌溉设备的远程自动控制。同时，智能灌溉还可以根据特定的植物生长速率自动调整所需的营养液。智能家畜精确监控家畜的繁殖过程和生长动态，实现对家畜养殖和养殖管理的快速、高效指导，也可以实施防疫。农业的最终形式将是智联农业，未来农业信息、专家系统、市场预测模型，以及基于空间技术、遥感技术、传感技术、GPS、GIS、智能化技术等重大关键技术都将在农业中得到广泛应用。NSAI 可远程控制无人机治理农业病虫害，如图 4-6 所示。首先，通过卫星遥感技术获取农田影像信息，反馈到云端服务器，实时分析土壤含水量、苗期、病虫害和灾害情况。当病虫灾害达到一定程度时，即组织大量无人机实施除虫作业。在边缘服务器的控制下，无人机组可精确规划路线与机群协同工作。

图 4-6　远程智能控制的无人机实施农业病虫害管理

§4.7　双碳能源互联网服务

作为当今世界能源利用效率提升最快的国家，为实现 2030 年前碳达峰、2060 年前碳中和的双碳目标，中国的能源电力行业正在迎来变革，智能电网正在向能源互联网加快演进。NSAI 能源服务不仅是实现风能、太阳能、水能、核能等多种清洁能源融合和互补的关键之一，还是完成电网、热能网和燃料网一体化融合的关键支撑之一。以特高压电网为骨干、以新能源为主体的新型电力系统正在兴起。通过能源与信息技术的融合，构建源－网－荷－储协同互动的新一代电力系统，是实现双碳目标的关键。基于 NSAI 的能源服务可以将传统的集中式人工智能转变为大型分布式智联网络系统，实现自组织、自进化和实时智能。确定性的低延迟通信和灵活的网络资源配置可以为"更实时"的系统响应提供保证。分布式人工智能可以提供更精确的在线实时数据训练模型，实现"更智能"的调度和控制。同时，智能能源服务可以对能源低效或能源故障做出反应，并迅速解决问题。通过连接能源市场和消费者，NSAI 可实现混合电力能源消费与生产智能化管理，如图 4-7 所示。当消费者自主产能时，NSAI 根据实时电价实现电力双向交易，即消费者在用电高峰期时将自产过剩的电能以满意的价格卖给能源市场，又可在用电低谷时以较低的价格购买市场上的电力能源。这不仅能够降低能源浪费，促进能源自由交易市场的繁荣，也有助于推进清洁能源替代传统能源。

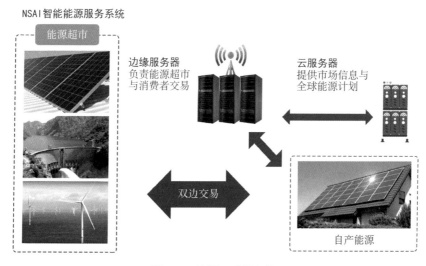

图 4-7　能源互联网架构

§4.8　一网统管评估体系：数字化转型之 SHCity 智能社会

上海市作为国内超大城市的代表，正在试点城市运行"一网统管"体系，提升超大城市治理体系和治理能力现代化建设，探索世界一流城市治理模式"上海方案"，即数字化转型之 SHCity 智能社会。一网统管旨在用实时在线数据和各类智能方法，及时、精准地发现问题、对接需求、研判形势、预防风险，在最低层级、最早时间，以相对最小成本解决最突出问题，取得最佳综合效应，实现线上线下协同高效处置一件事情。

NSAI将网络通信与服务应用的大数据做跨层处理，并对整个系统做在线协同进化学习和实时控制，将人工智能和网络进行深度融合，由各种智能体系形成巨大网络和智能共生体，因此，NSAI可以高效、全面地整合社会上所有的数据，服务于依托大数据、智联化为基础的一网统管评估体系，更好地服务智能社会。NSAI通过构建产业物联网、能源互联网和智联农业等应用，打造工业、农业等产业新范式，推动"经济数字化转型"；通过智慧医疗、智慧教育和车路协同等方式，方便居民生活，发展"生活数字化转型"；通过构建微场景的特定服务，以进化学习的方式分析和研判风险，智能化提供决策建议，服务"治理数字化转型"。

第五章 | 智联网络系统的产业生态

2021 年，我国政府大力号召部署新型基础设施建设，各省、直辖市加紧落实涵盖 5G 网络、工业互联网、人工智能、大数据中心等新兴技术，以带动生产基础设施向数字化、网络化、智能化转型，为智联网络系统的发展和规模化应用提供良好的契机。

§5.1 主要产业生态参与者及作用

智联网络的产业生态构成十分丰富，如图 5-1 所示。从区域范围角度，它包括城内、城际、特定区域等微空间产业生态；从产业链角度，它包括政府及行业监管机构、通信运营商、设备供应商、技术研发机构，以及业务服务商及特定业务提供商等。其中，政府及行业监管机构是智联网络及各项基础设施标准、规划、

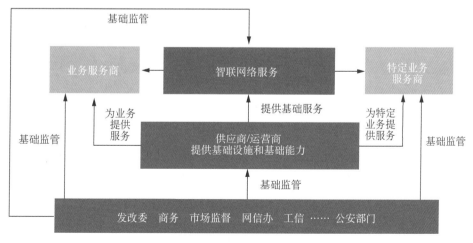

图 5-1 智联网络产业生态图

建设、管理、复用与共享的推动方，是整个智联网络体系的基础；运营商和设备供应商是智联网络各项基础设施与基础能力的提供方；业务服务商是智联网络的主要服务输出窗口，而特定业务服务商利用智联网络体系的能力开展面向特定场景的服务；技术研发机构则负担起智联网络体系技术的研发工作，促进智联网络体系的发展和进步。

§5.2 政府及行业监管机构

政府及行业监管机构推动智联网络系统及各项基础设施建设与运营。重点在顶层设计、法律法规、技术标准、数据权属、设施共享等方面发挥领导与协调作用。同时，在大数据技术及物联网技术的帮助下，政府及行业监管机构能够实现对网络情况的协同感知、协同决策和协同控制，从根本上改变网络的运营模式，打造全新的智能交通体系，并且缓解当前面临的治理难题。政府支持下的智能网络体系按照先试先行、逐步落地的思路，逐渐向大规模产业化发展。

§5.3 运营商和设备供应商

围绕智联网络的基础通信能力建设，运营商为智联网络系统提供通信基础设施，助力智联系统的实现。通信网络从非独立组网向独立组网架构演进，支持C-V2X（包括 LTE-V2X 和 NR-V2X）、URLLC、网络切片等重要功能，为增强型网联应用奠定基础。在固网方面，骨干网、承载网、城域网形成覆盖全国的连接通道，可充分保障云控中心云、区域云、边缘云之间的互联互通。

智联网络体系及其复杂的应用需要芯片、模组、大型硬件设备以及软件体系的支持。芯片及模组是系统基础能力的载体和保障，它不仅保障智联网络系统本身的网络平台，还支持相应的智联服务与应用。例如，AI 识别、并行计算芯片支持云控路侧基础设施的感知识别、多源融合、边缘计算等能力；服务器芯片支持云控基础平台的超高并发、实时/非实时计算等能力；通信芯片及模组支持云控系统车路云之间大带宽、低时延、高可靠的通信能力。智联网络系统聚合了产业链相关硬件设备及软件服务，需要众多的软硬件支持。例如，V2X 服务需要OBU/RSU 提供基于 C-V2X 的连接，使智联网络体系支撑下的 V2X 业务随时接入云控平台并确保业务无缝切换；智慧农业等智联服务高清摄像头提供视觉信号；智联网络的运行需要大型交换机、云服务器及边缘云服务器等；智联网络的分析和设计需要通信仿真/评测软件等。软硬件设备为智联网络提供核心能力，是智联服务和未来智联社会的基础。

§5.4　业务服务商/特定业务服务商

业务服务商是智联网络体系下面向社会与用户的服务输出接口，它将智联网络的通信与计算能力转化为客户需要的具体服务或基础设施，从而产生价值、服务人类社会。例如，通过物联网与传感器网络支持未来的虚拟商城，实现沉浸式购物，通过低延迟的实时通信赋能自动驾驶等。除了通用的业务服务商外，智联网络系统的各项能力也可面向特定业务和场景开放，帮助其提高生产效率、控制综合成本、延伸服务范围等。例如，环卫业务提供商可利用智联系统的超视距感知与消息分发能力，识别并标记环卫车位置，提示途经车辆避让；港口运营商可利用智联网络系统迭代、优化控车算法和调度策略，通过集中式决策与控制获得协同增益，使装卸与运输的效率最大化，降低 AGV 造价，还可集成桥吊和龙门吊控制，实现"装-运-卸"一体化联动作业。

§5.5　技术研发机构

技术研发机构应当包括各大高校和产业界的研发中心。不断的技术创新是整个智联网络体系生存和发展的基本前提。在新的国际、国内环境下，加大技术创新力度更是智联网络及其生态发展与壮大的关键所在。通过不断技术创新，技术研发机构可以帮助我国产业界建立起完整的产业生态，摆脱被卡脖子的局面。同时，技术研发机构应当具有战略目光，开展对产业方向实战性的前瞻研究，并引导企业发展，起到发动机和领头羊的作用。最重要的是，技术研发机构还要帮助产业内企业之间达成更深层次的协作，实现向纵深不断发展。

第六章 | 挑战与发展方向

§6.1　技术挑战与机遇

一、挑战网络信息容量限制

香农定理表明：在信道的信噪比以及带宽约束下，信道的传输速率是有上限的，它并不能无限地提高，信道容量即代表这个极限传输速率。而在网络信息理论中，证明了端到端的网络容量可以随着节点数量 N 的增加而增大，但会受到服务质量的约束（如等待时间、吞吐量和能效），对于点对点链路同样如此。

在 NSAI 中使用的几项创新通信技术的发展，有望突破 80 年来香农定理对通信容量的限制：第一，L2 认知多跳通信的引入，特别是对于大型无线网络，有望实现网络容量的规模效应；第二，蜂窝标准的最新演变已经提供 NR-IAB 和 NR-Sidelink 等 L2 架构，为新型多跳传输的工程实践提供基础；第三，通过 AI 算法控制大规模无线网络中的无线电功率和调制速率，将有助于识别端到端 QoS 约束下的实际网络容量，因为它们的组合不仅改变了所有单跳通信 QoS 参数，还改变了单跳无线电的距离范围。此外，对大规模 MIMO 和 NOMA 的融合研究，可进一步区分时空−频域中的无线电信号。

二、实时网络配置的可控性

传统的网络配置通常需要人为操作，并且操作的时间间隔较长。例如，在当前因特网协议中，网络配置通常在新设备加入网络时进行，配置完成后即保持静态，直到设备离开网络或发生特定故障，才进行人为干预式重配。但是，在 NSAI

中面临的情况要复杂得多，主要是因为 NSAI 中的设备更加多样、数量更加庞大，人为操作难以应对，而且对实时性要求较高，即网络必须快速响应配置命令。因此，迫切需要解决短时间间隔重新配置和网络配置实时性问题，而此类问题在之前传统网络的研究中很少涉及。在 NSAI 系统提供的服务中，可以在更短的时间间隔内（如以秒或毫秒为单位）进行网络重新配置，以更好地支持其 QoS 的动态变化。这样的配置主要包括拓扑、资源分配、安全性以及服务定制化层的各个方面。

三、柔性多元资源的分配机制

目前通信网络中的资源配置主要采用固定资源分配方式，即提供固定配额、有保障的物理资源。但是，在未来网络需重点考虑的是多维、异构网络，以及在多个虚拟网络间进行资源共享需要开发新的方法和算法。由此有必要引入柔性资源分配的方法，即：基于网络资源需求的动态性质（如用于计算、通信和缓存资源等），通过多个虚拟网络共享同一物理资源，实现更高的资源利用率。NSAI 系统中的服务定制化层通过柔性资源分配，可针对不同的资源组合开发各种网络资源访问机制，如基于优先级或竞争的访问机制。此外，为平衡效率与性能，也可将柔性资源分配与固定资源分配结合使用。

四、无监督在线进化学习技术

监督或半监督机器学习方法需要大量数据标签，而 NSAI 需要在极短的时间内处理海量数据。因此，采用人工标注获取数据标签是不现实的，探索在线无监督学习技术势在必行。基于多种应用场景，NSAI 系统需要自适应动态环境变化，在无人工标记或干预的情况下，可自动分析新生成的实时数据，并且能通过人工智能实体间的信息交换产生新知识。在线进化学习技术融合多智能体强化学习可为 NSAI 系统的通用智能平台层提供分布式 AI 计算的通用框架，从而显著提升系统泛化能力与数据融合水平。

五、多时间尺度网络智能配置方法

基于 Internet 协议的传统网络通常按照每小时或每天的时间间隔进行配置，然而在未来通信网络中这样的时间间隔无法满足时刻变化的网络环境，因此，需要引入时间细粒度更高、多尺度时间间隔更小的新型网络配置方案。此外，由于网络配置本身引入网络开销，还需要统筹可在较小时间尺度上进行调整、在较大时间尺度上予以保留的配置。AI 增强的网络配置可以在更加细粒的时间尺度（如以秒级甚至毫秒级）上进行，以实现极为精准的动态配置操作。而在决定某项网络功能用多少时间间隔配置的问题上，AI 或可根据以往的经验数据并结合当前网络状况进行自决策。

六、超级能源效率和人工智能社会

当前，AI 技术的发展突飞猛进，但其能源效率低下的问题仍没有较好的解决方案。由于高级 AI 模型的复杂性，目前在 GPU 上训练模型所消耗的能量甚至可能比驾驶一架飞机的实际能量消耗还要高。自从 AI 诞生以来，人类一直渴望设计出一款在功能或者神经元数量上能与人脑相媲美的 AI 计算机。随着时间的推移，微 / 纳米电子技术正在不断更新和发展。例如，采用最先进的新型集成电路和算法架构，已经能够提高 10～100 倍的能耗效率，但其耗能仍然比人脑多出近百万倍。

随着 NSAI 的发展，可以设想一个"人工智能社会"。通过利用不断更新的通信能力，轻量级算法和计算设备可以协同执行复杂的 AI 任务。虽然目前的计算机在训练或执行神经网络方面无法与人类相比，但计算机之间的信息交换速度远远超过任何人类语言。如何将人工智能计算与通信相结合，实现 NSAI 系统的超级能源效率，是未来广阔蓝图的重要篇章。

七、软硬件实现工具

在"新基建"多种技术发展与万物智联的背景下，高算力、低功耗、小尺寸等新技术需求成为当前硬件设备的主流发展方向。一方面，这是各方产业对于硬件的性能提升与成本降低的需求，另一方面，也是因为终端设备将会与日常生活紧密融合。不论是面向工业、企业还是面向个人的终端设备，海量数据的产生必将为其发展提供更多的机遇与挑战。

NSAI 致力于利用技术搭建新的桥梁，助力产业构建出创新、高效和可靠的生态系统。在异构终端之间构建通用、融合的开放软件平台是充满挑战的，所以，NSAI 需要融合不同研究机构、厂商开展广泛合作。通用化、标准化和泛在开源软硬件平台，将会在 NSAI 系统的 GSS/SCN 层中为不同设备供应商和网络运营商提供通用的软件中间件和标准化语言，成为应对 NSAI 硬件与软件工具挑战的主要方式。

八、安全与隐私保护

随着万物智联的发展演进，NSAI 中存在海量的多源异构设备，其计算、存储、共享、安全管控与数据隐私保护等问题将日益凸显，而基于传统云计算架构的数据安全与隐私保护机制已不再适用。立足于 AI 与通信网络深度融合，NSAI构建了诸多智能安全机制，如在线风险分析、信任管理和主动防御。但是，这样的安全机制是自下而上的整体设计，涉及 NSAI 所有层面，仍面临严峻考验。

在系统安全方面，主要体现在物理、运行、数据与网络层面满足完整性、可用性、可控性、机密性、不可篡改性和可追溯性等安全需求，需要验证 NSAI 中所有要素的数据和行为。区块链技术由于其分布式设计与可审计性，被提倡用于系统安全保护。但是，目前的区块链技术还无法应对 NSAI 中的海量实时数据，需要进一步扩展区块链架构，提高吞吐量，并降低延迟。

在用户隐私方面，目前联邦学习等技术是基于本地保存的用户原始数据而设计的，在 NSAI 中需要使用 AI 对用户的原始数据进行认知与行为分析、建立用户画像，这样就不可避免地导致用户的高层私有数据暴露在系统中。因此，NSAI需要从社会与技术两个角度形成共同处理方案：在社会层面，人类社会需要隐私保护政策和立法来决定用户隐私信息的授权与访问；在技术层面，需要确保用户隐私信息的每一次访问和使用都可以被授权、追踪与审计。

§6.2　从脑联网到智联社会

一、人工智能脑机接口

脑机接口（Brain Computer Interface，BCI）的研究始于 20 世纪 70 年代。传统脑机接口使用脑电图（Electro-Encephalo Graph，EEG）远程控制外部设备以达到人们所需的各种目的，将人或动物大脑与外部设备之间创建直接连接，实现人脑与设备的信息交换。目前，脑机接口的研究也已经涉及人的听觉与视觉感知。例如，利用视觉图像作为基于 EEG 的脑机接口控制策略，以及提出一种处理稳态视觉诱发电位（Steady-State Visual Evoked Protentials，SSVEP）控制的方法。

近年来的研究使 AI 脑机接口（AI empowered Brain Computer Interface，ABCI）成为一个有别于传统脑机接口的新兴研究领域，其重点是人类感知重建与脑机联网。特别的是，ABCI 不仅在实时脑信号建模情况下研究人类感知的重建，还能够对人工感知提供闭环控制。此外，侵入性脑信号采集的研究也有了一些进展。例如，通过将精确的电极植入脑传感功能区的神经链接等，为 ABCI 提供良好前景。目前，ABCI 主要应用在康复医疗领域。例如，脑瘫患者可以通过 ABCI 控制机械臂，逐渐恢复运动能力；有视觉、听觉或触觉障碍的患者可通过 ABCI 恢复其感知功能。

二、泛在脑联网

脑联网是由不同个体的大脑共同组成的互联网络，用于解决复杂问题，并通过建立"社交网络"实现"心灵感应"交流。随着 NSAI 系统和 ABCI 技术的发展，泛在脑联网（Ubiquitous Brain Network，UBN）可以被理解为集成了 ABCI 人机界面的未来 NSAI 系统，人类智能将成为 NSAI 系统的一个无缝、有机组成部分，与 AI 合而为一。在 UBN 中，通过"心灵感应"，人们可以一边思考，一边给 AI 分配思维任务，如图 6-1 所示。当得到授权后，机器代表人类进行交流并探索，人类社会将因相互理解而统一，并随着智能的爆炸性增长而快速发展。

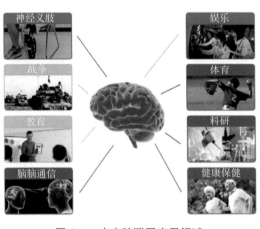

图 6-1　未来脑联网应用领域

事实上，UBN 是一个多学科交叉的前沿研究方向。一旦通过生物交叉技术或是脑机接口技术实现大脑与外界的直接信息交流和控制，人类社会就将开启人与人、物与物、人与物之间充分互联互通的脑联网时代。在脑联网的世界中，人脑是最核心、最根本的要素，同时也承担着脑联网的智慧属性。与互联网与物联网不同的是，脑联网搭建的是高度智能化的平台，平台系统中的所有活动都是围绕脑的"思维"进行部署的。

随着 5G 向 XG 的迁移发展，NSAI 面向脑联网的发展将最终形成物理世界、网络空间、和人类社会融为一体的智联社会，以及人工智能与人类智能的和谐共生体系。在此过程中，以下 5 个关键问题将逐步被人类解答。

（一）UBN 能模拟哪些大脑功能？

已知的研究从人类的基础六感展开，主要包含输入和输出两个方面。对于大脑输入，主要的研究是围绕视觉、听觉和触觉等感知的大脑电信号，通过 AI 对输入的大脑信号进行分析，并模拟大脑皮层的功能，实现对输入信号的分类与认知。输出信号则主要为语音信号、视觉信号、情感信号和运动控制信号等，用于在大脑中对相应的听觉、视觉、触觉等感知做电信号重构和反向刺激。基于人们需要对现实世界有一个完整的虚拟体验，因此，还可能存在其他未知部分的功能模拟。

（二）UBN 能承担人脑思维过程中的哪些任务？

由人脑将部分的信息处理任务交给 AI 完成，这类任务是有特定规律的，可以通过计算机编程实现其内在逻辑。例如，当 AI 判断人脑正处于计算和推导任务时，可以将该任务转移给 AI 设备，辅助人类完成类似科学计算以及常用的数学公式推导等任务。更进一步，AI 通过连通设备可存储人类部分记忆，实现 AI 存储设备和大脑信息的交互。人类之间的任务分配一般由人类语言完成，但是，由于人类语言在表达高级抽象概念方面具有一定的局限性，UBN 是否能比任何现有的人类语言更准确地解释抽象概念是值得进一步探索的问题。

（三）UBN 是否有助于快速恢复脑部受损功能？

UBN 最初的应用与医疗和康复相关，如对脑卒中、脑损伤等患者做康复训练，通过电信号刺激配合训练模式的设计以促进受损神经的修复，未来是否可以通过 AI 构筑受损神经的外循环来恢复受损感知功能尚有待研究和验证。对于慢性神经相关疾病，如阿尔茨海默病、抑郁症等，目前医学界尚无明确、有效的传统治疗方案和慢性神经疾病形成机理的理论。借助 NSAI 工具，UBN 是否可以对慢性神经疾病做个性化诊断、精准分析及治疗等具有重要的临床应用意义。

（四）UBN 能否变革人类智能水平？

基于 NSAI，UBN 是否可以直接、准确、快速地将知识或经验传递到人脑中，从而改变人类的智力水平，加速人类的学习速度，加强人类记忆、感知、认知、创新的能力尚不得而知，但可以明确的是，基于 NSAI 的 UBN 技术体系的发展将有助于人类智力的爆炸性增长。未来人类可以通过实时下载的方式学习新的语言和知识，通过无缝人机交互的方式掌握新的工程技能，通过 AI 辅助记忆的方式更高效地学习和生活，充分解放人类的内生创造力和灵感。

（五）UBN 如何保护人类的隐私？

除了将大力促进电子与电极的进步之外，NSAI 和 UBN 还将对全球人类社会产生超越互联网的深远影响。尤其是对于 UBN，人类的意识和行为将和互联网紧耦合地融为一体。如何在新的体系中保护个人隐私，如保护"大脑数据"或"思维数据"，将成为新的社会、伦理和技术命题。任何对人脑或大脑数据的访问都将受到 UBN 的控制和管理，而人类社会需要共同制定这一规则，共同促进和维护人类命运共同体的智联社会新形态。

结束语

天地合而万物生，阴阳接而变化起。科技的交叉创新不是简单堆叠的过程，而是能够开拓一片新天地，催生新的领域，生成新的世界。

对于未来的智联社会，《智联网络系统技术蓝皮书》提到的智能与健康城市的城市空间、医疗教育以及先进产业升级的颠覆式创新只是新世界的开始，NSAI 的进化和演进将比互联网、移动互联网等前几次产业革命更加深远地影响人类社会的发展。近年来，网络和 AI 的融合有了突破性的进展，例如，华为、中国移动、中国联通、爱立信、百度、谷歌在 AI 与通信融合方面成就显著。但是，新技术尚未实现真正的孵化和蜕变。在未来，任何智能设备都可以无缝融入 NSAI 的开放系统中，在共享数据和计算资源方面，既可以成为受益者，也可以作为贡献者，不仅其他智能设备能够分担自己的计算任务，也能够分担他人的计算任务。因此，构建 NSAI 的开放生态体系将成为世界科技发展的重要课题。

对于由 NSAI 衍生的脑联网应用，除了脑间直接交流领域、教育领域、医疗康复领域、计算推导领域外，UBN 还可应用于其他领域。在军事战争领域，不难想象高智能自主决策的"智慧武器"或将出现在未来战场，通过"意念"远程操控"机器战士"，代替士兵执行各种战斗任务。在艺术消费领域，UBN 可以为传统艺术及娱乐产品提供附加值和新卖点，为消费者接触新兴脑联网科技提供触点，如脑控艺术创作等应用。人类的光辉思想或许也可以直接与新一代互联网（即智联网络系统）融为一体，永生永存。

《智联网络系统技术蓝皮书》阐述了 NSAI 的基本架构、关键问题与核心技术、应用场景、产业生态，以及面对的挑战与发展愿景。智联网络系统这一交叉学科自诞生以来，成长道路艰辛曲折，充满生机与挑战。在 NSAI 核心思想的指引下，尽管还有很多问题亟待全球科技工作者研究攻关，但可以预言，伴随无线通信速度和算力的指数性增长，NSAI 这个已经改变世界的技术体系必将再次重塑人类的未来。

为促进新一代通信技术和人工智能技术的交叉融合发展，国际智联网络系统学会于 2020 年 11 月首次编撰完成 2020 版《智联网络系统技术蓝皮书》，并公开发行供各界参考，也承蒙各界热烈回应以及提供许多宝贵意见。本书在 2021 年 6 月进行再版的准备工作时，已采纳各界的意见和建议，在此谨对各界的意见与建议、支持与鼓励致以诚挚的谢意。

《智联网络系统技术蓝皮书》考量关键技术和核心技术的进展情形，除更新修订原有技术项目内容之外，亦增列新的关键技术与产业生态。伴随智联网络系统应用的普及与产业技术更新，本书编委会亦计划定期对本书作改版修订。广大读者对本书的任何建议可发至编委会邮箱 wp@alnsai.org，编委会在此提前致以感谢。

图书在版编目(CIP)数据

智联网络系统技术蓝皮书/宋梁主编. —上海：复旦大学出版社，2023.7
ISBN 978-7-309-16413-8

Ⅰ.①智… Ⅱ.①宋… Ⅲ.①智能通信网-研究报告 Ⅳ.①TN91

中国版本图书馆 CIP 数据核字(2022)第 179256 号

智联网络系统技术蓝皮书
宋　梁　主编
责任编辑/梁　玲

复旦大学出版社有限公司出版发行
上海市国权路 579 号　邮编：200433
网址：fupnet@ fudanpress.com　http://www.fudanpress.com
门市零售：86-21-65102580　　团体订购：86-21-65104505
出版部电话：86-21-65642845
上海盛通时代印刷有限公司

开本 787×1092　1/16　印张 4　字数 72 千
2023 年 7 月第 1 版
2023 年 7 月第 1 版第 1 次印刷

ISBN 978-7-309-16413-8/T·722
定价：30.00 元